FORSCHUNGSBERICHTE DES LANDES NORDRHEIN-WESTFALEN

Nr. 1117

Herausgegeben

im Auftrage des Ministerpräsidenten Heinz Kühn

von Staatssekretär Professor Dr. h. c. Dr. E. h. Leo Brandt

DK 534.837:621.63.01:697.922.001.5
534.793:534.833/.834
699.844:061.6.055.1

Prof. Dr.-Ing. habil. Dr. Werner Zeller VDI, Stuttgart und Essen
Beratender Ingenieur VBI

Institut für Schall- und Wärmeschutz Prof. Dr. Dr. Zeller, Essen

Lärmabwehr bei Lüftungsanlagen

WESTDEUTSCHER VERLAG · KÖLN UND OPLADEN 1967

ISBN 978-3-663-03753-8 ISBN 978-3-663-04942-5 (eBook)
DOI 10.1007/978-3-663-04942-5

Verlags-Nr. 011117

Gesamtherstellung: Westdeutscher Verlag

Vorwort

Die Forschungsarbeit, über deren Durchführung und Ergebnisse hier berichtet wird, wurde finanziell getragen vom Kultusministerium Nordrhein-Westfalen (jetzt Landesforschungsamt des Landes NRW), von VDMA, dem Verein Deutscher Maschinenbauanstalten, sowie von einzelnen Ventilatorenherstellern und vom Institut für Schall- und Wärmeschutz Prof. Dr. Dr. Zeller. Die sachliche Betreuung insbesondere auch von seiten der Lüftungstechnik lag beim VDI, dem Verein Deutscher Ingenieure, der zu diesem Zweck einen ehrenamtlich tätigen Arbeitsausschuß eingesetzt hat. Allen Beteiligten wird hiermit der Dank für die Mitwirkung ausgesprochen.
Die Arbeit bildete die Grundlage für die Neufassung der VDI-Richtlinie »Lärmabwehr bei Lüftungsanlagen«, deren Anpassung an den Stand der Technik nach 25 Jahren dringend notwendig geworden ist.
Neben einer Reihe von Mitarbeitern aus meinem Hause, die sich im Laufe der Jahre um die Lösung der Teilaufgaben bemüht haben, darf ich dem Kollegen Dipl.-Ing. L. Bommes, Beratender Ingenieur VBI, für kritische Textdurchsicht und mancherlei Hilfe bei der endgültigen Textfassung besonders danken.

Essen, Sommer 1966 W. Zeller

Inhalt

1. Aufgabenstellung

In Lüftungsanlagen entstehen Geräusche vornehmlich am Ventilator und an dessen Antrieb. Sie werden über die Maschinenlager als Körperschall auf das Gebäude übertragen, gelangen durch Wände, Decken und sonstige Begrenzungen als Luftschall in die anliegenden Räume und werden durch die Kanäle wiederum als Luftschall in entfernte Räume fortgeleitet.
Die Körperschall- und Luftschallübertragung aus der Maschinenzentrale läßt sich quantitativ beherrschen; ebenso die Schallübertragung über die Kanäle, soweit Unterlagen über die Geräuscherzeugung im Ventilator vorliegen.
Bei akustisch einwandfreien Lüftungsanlagen darf der Pegel der durch die Kanäle übertragenen Störgeräusche in den belüfteten Räumen bestimmte in DIN 1946 festgelegte Werte nicht überschreiten. Durch Vergleich des Störpegels am Entstehungsort mit dem nach DIN 1946 zulässigen Pegel ergibt sich die notwendige Dämpfung des Kanals, die entweder bereits durch dessen geometrische Eigenschaften gedeckt wird oder durch zusätzliche Maßnahmen zu erreichen ist.
Bei Neuplanung sowie bei der Überprüfung bestehender Anlagen entsteht also die Aufgabe, nach Ermittlung der Störpegeldifferenz die notwendigen und hinreichenden Dämpfungsmaßnahmen festzulegen. Ziel der vorliegenden Arbeit ist es, die hierfür notwendigen Unterlagen zusammenzustellen und zu ergänzen. Sie gliedert sich in folgende drei Teilaufgaben;

1. Experimentelle Untersuchung des Zusammenhanges zwischen den technischen Daten eines Ventilators und dem in den Kanal abgestrahlten Schalleistungspegel einschließlich der Aufstellung einfacher Regeln zur Vorausberechnung.
2. Experimentelle Überprüfung, wieweit die in DIN 1946 Blatt 2 [1] festgelegten Höchstschallpegel mit den Forderungen der Praxis im Einklang stehen.
3. Zusammenstellung und Erweiterung der Methoden der Schalldämpferbemessung.

2. Wissenschaftlich-technischer Stand

2.1 Allgemeines

Zur Geräuschabwehr in Lüftungsanlagen hat man sich sowohl um eine schalltechnisch günstige Konstruktion der Ventilatoren bemüht als auch versucht, die Luftleiteinrichtungen mit möglichst geringem Aufwand optimal schalldämpfend auszubilden. Die Voraussetzungen für eine erfolgreiche Geräuschabwehr sind Kenntnis der Geräuschquellen, des Geräuschpegels und seiner spektralen Zusammensetzung sowie Beherrschung der Abhilfemethoden, insbesondere der Schalldämpfung in Kanälen. Die Festlegung höchstzulässiger Geräuschpegel für verschiedenartige Räume, wie Theater, Hörsäle, Büro- und Wohnräume und dergleichen [1] ist von subjektiven Einflüssen abhängig und sicher auch temporären Änderungen unterworfen.

2.2 Geräuschquellen in Lüftungsanlagen

2.2.1 Eigengeräusche

a) Maschinenanlage

Maschinengeräusche entstehen durch den Elektromotor, durch das Getriebe, durch Unwuchten rotierender Teile und mangelhafte Wellenlager, durch das Mitschwingen von Konstruktionsteilen sowie bei Klimaanlagen durch die Pumpen der Luftaufbereitungseinrichtung.

b) Ventilator

Das Ventilatorgeräusch hat zweierlei Ursachen: Durch die rotierenden Blätter oder Schaufeln wird der Luftstrom periodisch unterbrochen und es entsteht der Lüfterton, in dem die von Schaufel- und Drehzahl bestimmte Grundfrequenz vorherrscht. Hinzu kommt ein breitbandiges Rauschen, das durch die turbulenten Strömungsvorgänge an Gehäuse, Laufrad und Leitrad ausgelöst wird. Da bei hohen Luftgeschwindigkeiten die Turbulenz der Strömung durch im Luftstrom stehende Konstruktionsteile mit wachsender Geschwindigkeit erheblich zunehmen kann, ist die Geräuschentwicklung durch Kleinhalten der Drehzahlen sowie aerodynamisch günstige Profile der Blätter, Leitschaufeln und Verstrebungen einzuschränken. Die Ventilatorgeräusche können durch mitschwingende Schaufeln oder Blätter, Gehäusewände und Verstrebungen noch verstärkt werden.

c) Luftleiteinrichtungen

Kanäle, Gleichrichter, Diffusoren, Dämpfer, Auslaßgitter usw. wirken besonders bei hohen Luftgeschwindigkeiten als Geräuschquelle.

Die Geräusche können als Luftschall und als Körperschall in den zu belüftenden Raum oder in andere mit der Anlage in Verbindung stehende Räume gelangen. Die Übertragung der Maschinengeräusche erfolgt vornehmlich durch Körperschall, die der Ventilator- und Luftleitungsgeräusche fast immer durch Luftschall.

2.2.2 Geräusche, die außerhalb der Lüftungsanlage entstehen

Die Kanäle einer Lüftungsanlage können durch Räume geführt sein, in denen Geräusche, z. B. Maschinen- oder Arbeitslärm, erzeugt werden. Diese Geräusche können entsprechend der durch die Kanalwände bewirkten Schalldämmung geschwächt in die Kanäle eindringen und von dort aus in die zu belüftenden Räume gelangen.

Wenn mehrere Räume von einer Lüftungsanlage versorgt werden, können Geräusche, die im einen Raum entstehen, durch die Kanäle in Nachbarräume geleitet werden.

2.3 Methoden der Schalldämmung

Während sich die Antriebssysteme für den Ventilator und die Luftaufbereitungseinrichtungen, diese selbst sowie das Ventilatorgehäuse durch körperschallisolierende Aufstellung und Kapselung oder Einbau in einen gesonderten, von der Umgebung hinreichend schallisolierten Raum als Geräuschquellen ausschalten lassen, verlangt das reine Ventilatorgeräusch, das unmittelbar in den Ansaug- und Zuluftkanal abgestrahlt wird, umständlichere Maßnahmen.

Will man erreichen, daß die Lautstärke des Geräuschanteiles, den die Lüftungsanlage in den zu belüftenden Raum überträgt, unter einem bestimmten Grenzwert bleibt, so muß man vor allem wissen, wie stark das vom Ventilator in den Kanal abgestrahlte Geräusch ist. Dazu ist entweder eine Messung dieses Geräusches oder die Kenntnis der Zusammenhänge zwischen den technischen Daten des Ventilators und dem von ihm erzeugten Schallpegel notwendig.

Die Methoden zur Schalldämmung des Maschinengeräusches sowie des Anteiles des Ventilatorgeräusches, der von Gehäuse- und Kanalwänden in den Außenraum abgestrahlt wird, haben einen im wesentlichen befriedigenden technischen Stand erreicht. Es fehlt jedoch noch an einer kritischen Klärung der Meßmethoden und der erwähnten quantitativen Beziehungen für das in die Kanäle abgestrahlte Ventilatorgeräusch. Aus diesem Grunde betrachteten wir es als Hauptziel der Forschungsarbeit, hier grundlegende Untersuchungen anzustellen und damit die Voraussetzungen für eine optimale Bemessung der schalldämpfenden Einrichtungen einer Lüftungsanlage zu schaffen.

2.4 Zu Beginn der Arbeit vorliegende Berichte über Messungen des Ventilatorgeräusches

Die VDI-Richtlinien aus dem Jahre 1938 [2] enthalten, den damaligen Kenntnissen entsprechend, keine genaueren Angaben über die Entstehung des Lüftergeräusches und die obwaltenden physikalischen Zusammenhänge.
Im Jahre 1939 untersuchten HOLLE und LÜBCKE den von schnell bewegten Profilen und von Ventilatoren erzeugten Geräuschpegel [3]. Sie stellten die Zunahme der Lautstärke mit der 7. Potenz der Umfangsgeschwindigkeit fest.
Die in den USA im Jahre 1942 von der National Association of Fan Manufacturers (NAFM) aufgestellten Richtlinien »Sound Measurement Test Code for Centrifugal, Axial and Propeller Fans« sind in der 1952 erschienenen 2. Auflage der Richtlinien »Standards, Definitions, Terms and Test Codes for Centrifugal, Axial and Propeller Fans« [4] abgedruckt. Sie gaben erstmals Vorschriften, wie und unter welchen meßtechnischen Bedingungen das von einem Ventilator erzeugte Geräusch gemessen werden soll. Der zu untersuchende Ventilator wird an einen Kanal festgelegter Abmessungen angeschlossen. Die Kanallänge richtet sich nach dem Auslaßdurchmesser und beträgt etwa sein Zehnfaches. Der Kanal ist ohne Körperschallisolierung auf dem Boden oder einer Balkenunterlage montiert. Eine Schallreflexion am Ende des Kanales wird nicht streng vermieden, aber durch die konische Form des Abschlusses vermindert. Der Schalldruckpegel[1] wird in einer Horizontalebene in Höhe der Kanalachse an sieben Stellen gemessen, die sternförmig um das Ventilatorgehäuse herum angeordnet sind und von dessen Kanten einen Laufraddurchmesser, aber nicht weniger als 1,5 m entfernt sind. Das zur Druckmessung benutzte Staurohr ist ebenso wie der vorgeschaltete Gleichrichter in den NAFM-Richtlinien festgelegt. Als Meßergebnis gilt der Mittelwert der gemessenen Schalldruckpegel.
Die so gegebene Kennzeichnung des Geräuschverhaltens eines Ventilators befriedigte nicht. Im Bestreben, ein physikalisch einwandfreies Maß für die in den Kanal abgegebene Schallenergie zu finden, arbeiteten BERANEK, REYNOLDS und WILSON [5] ein Verfahren aus, mit dessen Hilfe sie den in einen zylindrischen Kanal abgestrahlten Schalleistungspegel bestimmten. Dieser Kanal war ähnlich bemessen wie der NAFM-Kanal. Er unterschied sich von diesem dadurch, daß er einen reflexionsfreien Abschluß besaß, hinter dem der Luftstrom durch einen regelbaren Auslaß ins Freie trat. Der Kanalquerschnitt war größer als der des NAFM-Kanals und größer als der Querschnitt des Ventilatorauslasses. Die Gesamtlänge des Kanals einschließlich des konischen Adapterrohres, des Exponen-

[1] Der Schalldruckpegel L_p, auch kurz Schallpegel genannt, ist ein logarithmisches Maß für den auf einen festgelegten Schalldruck $p_{0\mathrm{eff}} = 2 \cdot 10^{-4}$ µbar bezogenen Schalldruck p_{eff}:

$$L_p = 20 \lg (p_{\mathrm{eff}}/p_{0\mathrm{eff}})$$

Für ihn gilt auch die Beziehung $L_p = 10 \lg (I/I_0)$, wo I die Schallintensität (auf die Flächeneinheit bezogene Schalleistung) und $I_0 = 10^{-12}$ W/m² die Bezugsschallintensität ist.

tialteiles und der reflexionsfreien Abschlußkammer betrug rd. 5 m. Der Kanal enthielt hinter dem Gleichrichter zwei Öffnungen zur Aufnahme des Mikrophons und des Druckmessers.

Aus dem Schalldruckpegel L_p, der in der Rohrachse gemessen wird, ergab sich der Schalleistungspegel[2] mit Hilfe der Beziehung

$$L_w = L_p + 10 \lg F,$$

wo F der Zahlenwert der in m^2 gemessenen Querschnittsfläche des Meßrohres ist. Das Mikrophongehäuse war zur Vermeidung von Windgeräuschen, die durch die starke Luftströmung und die damit verbundene Bildung von Wirbeln an den Gehäusekanten entstehen, mit einem zylindrischen Windschirm aus Drahtnetz und Nylongewebe umgeben. Die Verminderung der Mikrophonempfindlichkeit durch den Windschirm wurde bei den Messungen berücksichtigt. Der reflexionsfreie Abschluß verhinderte die Ausbildung stehender Längswellen im Meßkanal. Stehende Wellen quer zur Achse konnten nicht vermieden, sondern mußten durch Korrekturen berücksichtigt werden.

Mit dieser Meßanordnung führten Beranek, Reynolds und Wilson [5] sowie Beranek, Kampermann und Allen [6] Untersuchungen an Radialventilatoren verschiedener Hersteller durch und fanden, daß der über alle Oktavbereiche, also ohne Filter gemessene Schalleistungspegel (Gesamtschalleistungspegel) bei Niederdruckventilatoren proportional mit der elektrischen Antriebsleistung des Motors ansteigt. Abweichungen von dieser Gesetzmäßigkeit überstiegen selten $\pm$ 4 dB. Um die Abhängigkeit von der Gesamtdruckdifferenz zu berücksichtigen, wandte Allen später die von Madison gefundenen »Schallgesetze für Ventilatoren« [7] an, von denen eines besagt, daß der Schalleistungspegel linear mit diesem Druck ansteigt, und erhielt somit die Beziehung für den Gesamtschalleistungspegel

$$L_{W\text{ges}} = 77 + 10 \lg W_e + 10 \lg \Delta p_{\text{ges}},$$

wo W_e der Zahlenwert der in kW gemessenen elektrischen Motorleistung, Δp_{ges} der Zahlenwert der in kp/m^2 gemessenen Gesamtdruckdifferenz ist [8]. Die Unsicherheit bei der Anwendung dieser Formel beträgt, soweit der Literatur zu entnehmen ist – eigene Untersuchungen liegen hierüber nicht vor –, $\pm$ 8 dB. Inwieweit die Formel auch für Axialventilatoren gilt, ist nicht bekannt. Auch finden sich in den zitierten Originalarbeiten keine Angaben, ob es sich bei den untersuchten Radialventilatoren nur um solche mit vorwärts gekrümmten Schaufeln gehandelt hat oder ob auch Ventilatoren mit rückwärts gekrümmten Schaufeln untersucht wurden und die Formel somit auch für diese gilt. Unsere Untersuchungen, auf die wir später eingehen, deuten darauf hin, daß das Geräusch von Radialventilatoren mit rückwärts gekrümmten Schaufeln einem anderen Gesetz gehorcht.

[2] Der Schalleistungspegel L_W ist ein logarithmisches Maß für die auf eine festgelegte Schalleistung $W_0 = 10^{-12}$ W bezogene Schalleistung W:

$$L_W = 10 \lg (W/W_0)$$

3. Durchführung der meßtechnischen Arbeiten

Zur akustischen Prüfung von Ventilatoren ist neben der in 2.4 geschilderten Anordnung mit Meßkanal, die bei der Ventilatoren bauenden Industrie vielfach angewandt wird, noch eine Reihe anderer Verfahren vorgeschlagen worden. Wir haben es uns nicht zur Aufgabe gesetzt, die verschiedenen Verfahren abwägend zu diskutieren, sondern ein möglichst einfaches Verfahren zu suchen und dieses auf seine Brauchbarkeit zu prüfen. Alle Verfahren werden in der VDI-Richtlinie 2081 [19] kurz erwähnt.

3.1 Eigene Meßanordnung

Es wurden von uns verschiedene Voruntersuchungen angestellt, um zu einem einfachen Meßverfahren zu gelangen, das nicht nur reproduzierbare und für das Geräuschverhalten kennzeichnende Meßwerte liefert, sondern auch schnelles Arbeiten und damit die Durchführung sehr zahlreicher Messungen gestattet, wie sie die systematische Untersuchung an Ventilatoren verschiedener Größe und Bauart in Abhängigkeit von ihren Betriebsverhältnissen verlangt. Nur durch solche Untersuchungen lassen sich für eine Vorausberechnung des Geräusches hinreichend sichere Regeln ableiten.

Zu diesem Zweck wurde in zwei aneinander grenzenden Räumen ein Ventilatorenprüfstand aufgebaut. Der zu untersuchende Ventilator wurde mit seiner Auslaßkanalachse senkrecht zur Trennwand zwischen den Räumen in Wandnähe aufgestellt und der Fortluftkanal, der durch einen Segeltuchstutzen vom Ventilator körperschallisoliert war, durch die Wand in den Nebenraum geführt. Von dort gelangte die hineingeförderte Luft über Kanäle, die schalldämpfend ausgekleidet waren, in den ersten Raum zurück, um von der Einlaßöffnung angesaugt und von neuem in den Nachbarraum gedrückt zu werden. Die Einlaßöffnung war mit einem kurzen konischen Stutzen versehen und bei Axialventilatoren nach der der Trennwand gegenüberliegenden Wand, bei Radialventilatoren nach einer rechtwinklig anstoßenden Raumwand gerichtet. Vor Einlaß- und Auslaßkanalöffnung verblieb ein mehrere Meter langer, etwa 3 m breiter und 2,5 m hoher Raum für die Aufstellung des Meßmikrophones.

Im Laufe der Vorversuche konnte nachgewiesen werden, daß die vor dem Einlaß und vor der Auslaßkanalöffnung auf der Achse an verschiedenen Raumpunkten gemessenen Werte der DIN-Lautstärke im Rahmen der Meßfehlergrenzen übereinstimmten, daß also nahezu die gleiche Schallenergie in den Einlaß- und den Auslaßkanal abgestrahlt wird. Es ergab sich daher die Möglichkeit, ebensogut auf der Einlaß- wie der Auslaßseite zu messen. Die Messung auf der Einlaßseite hat aber den Vorteil, daß wegen der dort viel geringeren Luftbewegung, gemessen in 1 m Abstand, die Messung nicht oder nur geringfügig durch die Strömungsgeschwindigkeit gestört wird. Daher braucht kein Windschirm verwendet und somit keine Korrektur ermittelt und bei der Auswertung berücksichtigt zu werden; dieser Unsicherheitsfaktor fällt also fort.

In weiteren Versuchen wurde geklärt, wo der Meßort gewählt werden muß und bis zu welchem Abstand er sich noch im Hallradius befindet. Unter dem Hallradius versteht man denjenigen Abstand von einer Schallquelle, bis zu dem das für Kugelwellen geltende Abstandsgesetz, daß die Schallintensität mit wachsendem Abstandsquadrat abnimmt, erfüllt ist. Es stellte sich heraus, daß die Lage des Mikrophonortes auf der Einlaßachse und ein Abstand von 1 m vor der Einlaßöffnung am günstigsten sind. Ein größerer Abstand hätte zur Folge gehabt, daß die Schallrückwürfe von der der Einlaßöffnung gegenüberliegenden Wand merklich gewesen wären. Diese Festlegung des Mikrophonortes wurde während aller im folgenden geschilderten Messungen beibehalten.

Zur Untersuchung des Ventilatorgeräusches bei unterschiedlicher Förderleistung dienten verschieden große Ringblenden am Kanalausgang, die den Luftstrom im jeweils gewünschten Maße drosselten. Zur Messung der strömungstechnischen Daten – Gesamtdruckdifferenz zwischen Einlaß und Auslaß, durchströmende

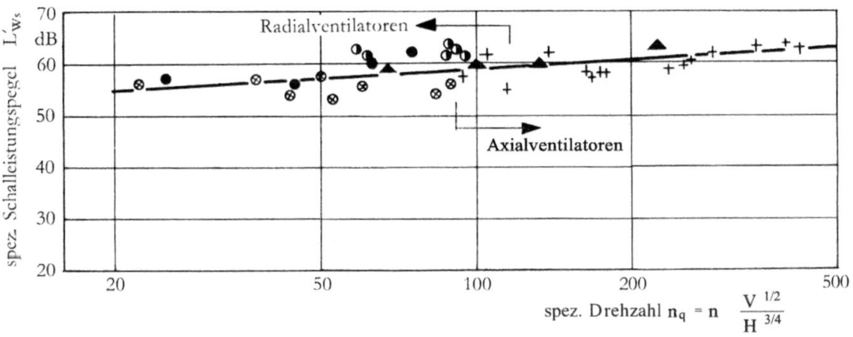

Abb. 1 Vergleich verschiedener Meßmethoden
Spezifischer Gesamtschalleistungspegel in Abhängigkeit von der spezifischen Drehzahl

◑ Lüftungsventilatoren radialer Bauart [4]
● Industrieventilatoren radialer Bauart (Methode mit Schalltrichter), gemessen von L. Bommes
⊗ Radialventilatoren } nach Christie–Graham
+ Axialventilatoren } nach Christie–Graham
▲ Lüftungsventilatoren axialer und radialer Bauart (Zeller)

Betrachtet man die Schallabgabe nur *eines* Ventilatorstutzens, ist der spezifische Schalleistungspegel um 3 dB kleiner als der spezifische Gesamtschalleistungspegel.

Luftmenge je Zeiteinheit – wurde anfänglich ein PRANDTLsches Staurohr benutzt. Dabei ergaben sich beträchtliche Schwierigkeiten, weil der Luftstrom einen starken Drall besitzt, der sich nur in einem längeren Kanal mit einem Gleichrichter zwischen Ventilator und Meßstelle ausschalten läßt. Später wurde zur Luftmengenmessung eine Einlaufdüse verwendet und der Wirkdruck mittels eines Feindruckmessers abgenommen.

Zur vergleichenden Prüfung verschiedener Meßverfahren hat L. BOMMES aus einer Vielzahl von Geräuschmessungen an mehr als 40 verschiedenen Ventilatortypen den spezifischen Schalleistungspegel L'_{Ws} berechnet und über der spezifischen Drehzahl n_q aufgetragen, Abb. 1.

Der spezifische Schalleistungspegel L'_{Ws} ist nach der Fußnote 4 auf S. 45 der Schalleistungspegel, der sich für den Volumstrom (Fördermenge) $\dot{V} = 1$ m³/s bei dem Gesamtdruck $\Delta p_g = 1$ kp/m² ergibt. Die spezifische Drehzahl ist als Typenkennzahl definiert: $n_q = n \cdot \dot{V}^{1/2} \cdot H^{-3/4}$ mit n als Drehzahl (U/min), $\dot{V}$ in m³/s und $H = \Delta p_g/\gamma$ als Förderhöhe (m) des optimalen Betriebspunktes. Aus Abb. 1 ergibt sich, daß ein von der Meßmethode abhängiger Unterschied offenbar nicht vorhanden ist.

Die gewählte Meßmethode ist damit gerechtfertigt.

3.2 Meßergebnisse

3.2.1 Allgemeines

Zur Kennzeichnung des Betriebszustandes von Ventilatoren sind im Ventilatorenbau dimensionslose Größen eingeführt, so die

$$\text{Druckzahl } \psi = \frac{\Delta p_g}{\frac{\varrho}{2} \cdot u^2}$$

und die

$$\text{Volumzahl } \varphi = \frac{\dot{V}}{u \cdot F}$$

Es bezeichnen

Δp_g die Gesamtdruckdifferenz zwischen Ein- und Auslaß des Ventilators in kp/m² (≈ 10 N/m²),

$\dot{V}$ den Volumstrom in m³/s,

u die Umfangsgeschwindigkeit des Laufrades in m/s,

F die Laufradfläche $\pi d^2/4$ in m² und

ϱ die Luftdichte in kp s²/m⁴ (≈ 10 kg/m³).

Führt man den Laufraddurchmesser d (m) und die Drehzahl n (U/min) ein, so ergeben sich die folgenden Zahlenwertgleichungen:

$$\psi = \frac{730 \cdot \Delta p_g}{\varrho\, n^2 d^2} \tag{1}$$

und

$$\varphi = \frac{24{,}3 \cdot \dot{V}}{n d^3}, \tag{2}$$

die in den Diagrammen Abb. 2 und 3 mit Berechnungsbeispielen dargestellt sind.

Die Größen Δp_g und $\dot{V}$ bzw. φ und ψ kennzeichnen das strömungstechnische Verhalten des Ventilators; aus der φ-ψ-Kennlinie ist der Zusammenhang zwischen der Gesamtdruckdifferenz und dem Volumstrom bzw. der Drosselung bei konstanter Drehzahl zu ersehen. Bei Drosselungsänderung durchläuft der Arbeitspunkt des Ventilators die φ-ψ-Kennlinie. Einige solcher Kennlinien werden in den Abb. 4, 12

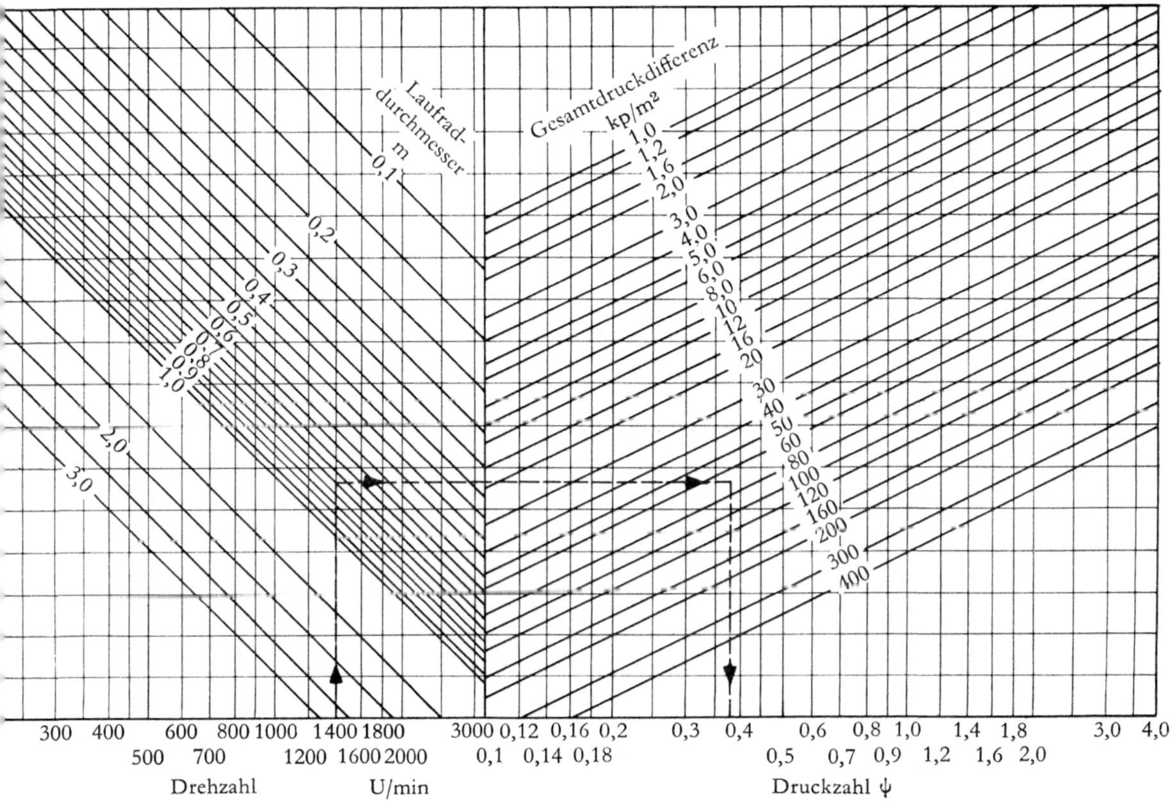

Abb. 2 Bestimmung der Druckzahl aus Drehzahl, Laufraddurchmesser und Gesamtdruckdifferenz

und 18 gezeigt. Ihr Verlauf ist typisch für die betreffende Ventilatorgattung. Der Zusammenhang zwischen den typischen Konstruktionselementen der einzelnen Ventilatorbauarten und der Drehzahl einerseits und den aerodynamischen Betriebsdaten andererseits ist bekannt und läßt ähnliche Beziehungen auch für die akustischen Größen erwarten, wie durch unsere Messungen bestätigt wurde. Diese erstreckten sich auf folgende Ventilatorengattungen:

Axialventilatoren [9], [10],
Radialventilatoren mit rückwärts gekrümmten Schaufeln,
Radialventilatoren mit vorwärts gekrümmten Schaufeln.

Es wurde jeweils die Abhängigkeit des Gesamtschalldruckpegels vom Drosselungszustand bei verschiedenen Drehzahlen sowie der Frequenzgang des Schalldruckpegels bei verschiedenen Betriebszuständen ermittelt.

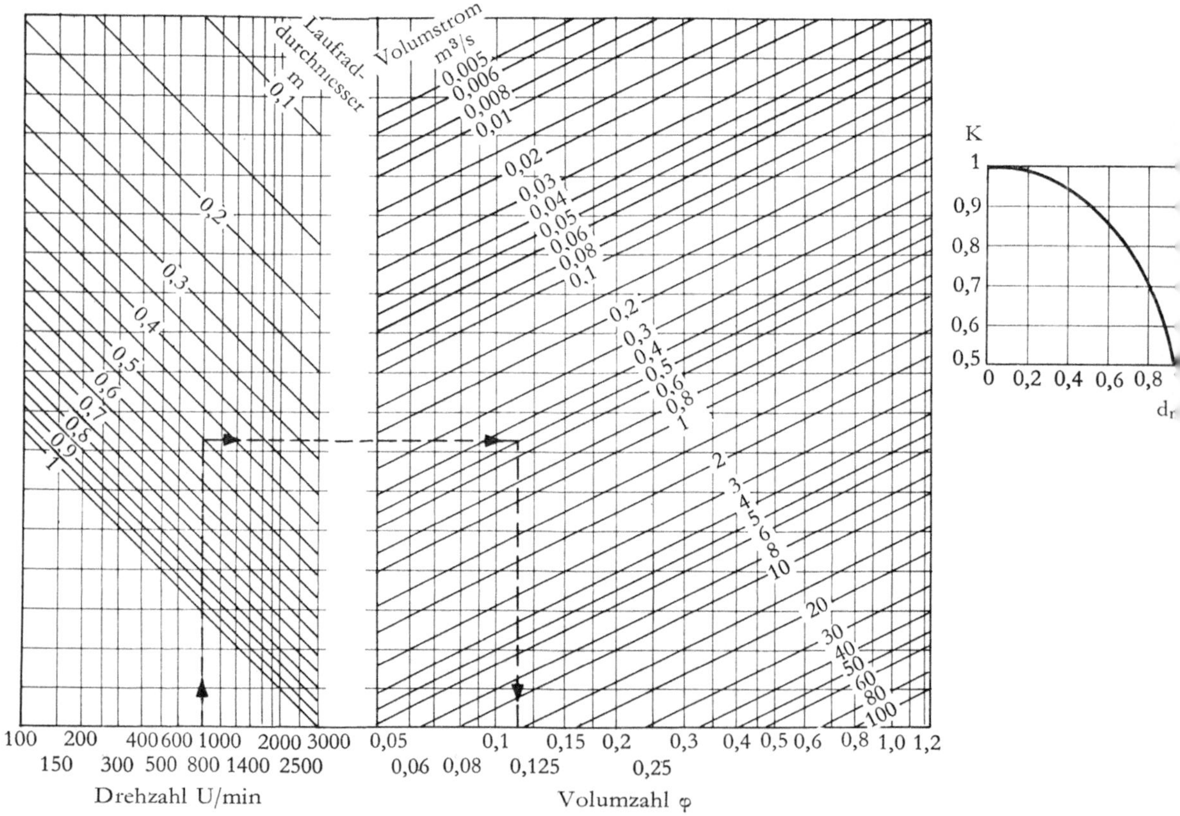

Abb. 3 Bestimmung der Volumzahl aus Drehzahl, Laufraddurchmesser und Volumstrom, bei Axialventilatoren ist der Laufraddurchmesser d mit dem sich aus dem Zusatzdiagramm mit d_n als Nabendurchmesser ergebenden Faktor K zu multiplizieren.

Zur Messung wurde ein Lautstärkenmesser gemäß DIN 5045 (Hersteller Rohde & Schwarz, München) sowie ein Schallpegelmesser mit eingebautem Terzfilteranalysator (Hersteller Brüel & Kjaer, Kopenhagen) verwendet. Die Geräuschanalyse in Terzbereichen erwies sich zur Erfassung von charakteristischen Eigenarten des Spektrums als hinreichend selektiv. Mit Hilfe von Ringblenden am Kanalende veränderten wir die Drosselung; die Drehzahl des Laufrades wurde durch Einbau verschiedener Riemenscheiben variiert. Im tiefen Frequenzbereich traten verhältnismäßig starke Schallpegelschwankungen auf. In solchen Fällen wurde der Schallpegel mit einem logarithmischen Schreiber registriert und das Ergebnis durch graphische Mittelung gewonnen.

3.2.2 Axialventilatoren

3.2.2.1 Abhängigkeit der DIN-Lautstärke von den Betriebsdaten

In Abb. 4 sind die an einem meridianbeschleunigten Axialventilator mit 0,45 m Laufraddurchmesser und mit nachgeschaltetem Leitapparat, in Abb. 5 die zu einem ähnlichen Ventilator mit 0,50 m Laufraddurchmesser gewonnenen Meßergebnisse wiedergegeben.

Der untere Teil der Abbildungen enthält die φ-ψ-Kennlinie des Ventilators, aus der bei gegebener Volumzahl die Druckzahl entnommen werden kann. Im oberen Teil sind mit der Drehzahl als Parameter die gemessenen DIN-Lautstärken aufgetragen. Die durchgezogenen Linien sind die graphisch ausgeglichenen Mittelkurven. Der mittlere Fehler der Meßpunkte gegen diese Kurven beträgt ± 1 DIN-phon, ist also nicht größer als die Meßunsicherheit; Abweichungen von $\pm 1{,}5$ DIN-phon treten nur selten auf.

Wir haben versucht, den Zusammenhang zwischen der Lautstärke und der Drehzahl sowie den Ventilatorkennzahlen in einer einfachen Gleichung darzustellen. Folgende Form deckte sich am genauesten mit den experimentellen Ergebnissen:

$$\Lambda_{\mathrm{DIN}} = 10 \lg \left(C_1 \frac{Ma^5}{\varphi^2 \cdot \psi^2} \right), \tag{3}$$

wo Ma das Verhältnis von Umfangsgeschwindigkeit zur Schallgeschwindigkeit und C_1 eine vom Ventilator abhängige Konstante ist. Die gute Übereinstimmung geht aus den Abb. 4 und 5 hervor, in denen der berechnete Verlauf durch gestrichelte Kurven gekennzeichnet ist. Im Falle der Abb. 4 hat die Konstante C_1 den Wert $2{,}7 \cdot 10^{12}$.

Nur bei der niedrigsten Drehzahl (600 U/min) liegen die Meßwerte, die in der Abbildung durch Kreuze dargestellt sind, zum Teil weit über der berechneten Kurve. Der Grund besteht darin, daß bei unserer Meßanordnung die Antriebsgeräusche mitgemessen wurden. Diese treten aber mit geringer werdendem Ventilatorgeräusch immer stärker in den Vordergrund und überwiegen bei niedrigen Drehzahlen. Da sie nur zu einem unwesentlichen Teil in den Kanal gelangen, spie-

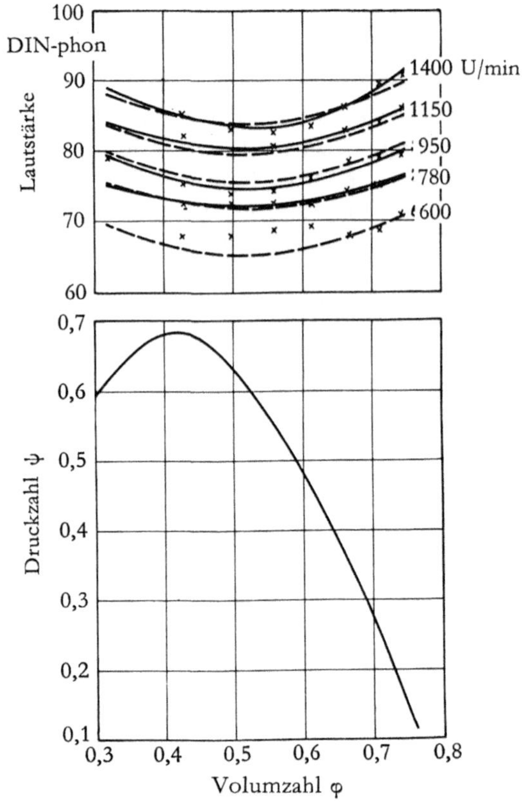

Abb. 4 DIN-Lautstärke in Abhängigkeit von der Volumzahl und dimensionslose Kennlinie eines meridianbeschleunigten Axialventilators mit nachgeschaltetem Leitapparat; Laufraddurchmesser 450 mm

len sie für die Schalleinwirkung auf den zu belüftenden Raum, in dem der Kanal endet, keine Rolle, vorausgesetzt, daß baulicherseits für eine hinreichende Schalldämmung zwischen Ventilatorraum und zu belüftendem Raum gesorgt ist. Die Abweichungen bei niedrigen Drehzahlen sind also nicht für das in den Kanal gelangende Geräusch zu erwarten und bedeuten daher keine Einschränkung der Gültigkeit der Formel.

Im unteren Teil des Diagrammes ist die dimensionslose Kennlinie eingezeichnet; mit ihr kann die jeweils herrschende Druckzahl ermittelt werden. Als zweites Beispiel sind Lautstärkekurven und Kennlinie eines Axialventilators mit einem Laufraddurchmesser von 500 mm wiedergegeben (Abb. 5).

Die niedrigsten Lautstärkewerte einer jeden Kurve treten in der Nähe der Volumzahl auf, bei der der Wirkungsgrad sein Maximum erreicht. Axialventilatoren zeigen demnach ihre geringste Geräuschentwicklung dann, wenn sie im Bereich des günstigsten Wirkungsgrades betrieben werden. Daraus ist jedoch nicht zu folgern, daß von zwei Ventilatoren derjenige mit dem besseren Wirkungsgrad

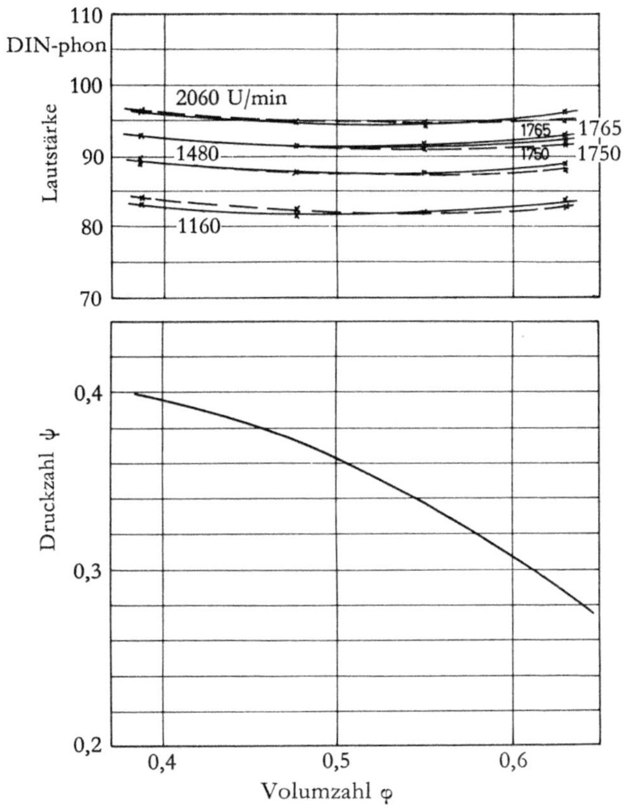

Abb. 5 DIN-Lautstärke in Abhängigkeit von der Volumzahl und dimensionslose Kennlinie eines Axialventilators; Laufraddurchmesser 500 mm

auch weniger Geräusch abgibt, da Umfangsgeschwindigkeit und Bauweise einen wesentlichen Einfluß haben. Die Behauptung trifft nur zu für völlig gleichartige Ventilatoren, die mit gleicher Drehzahl laufen. Wie man sieht, ist es grundsätzlich zweckmäßig, dort, wo die Geräuschentwicklung des Ventilators von Bedeutung ist, einen Betrieb beim günstigsten Arbeitspunkt anzustreben. Dies gilt, wie die späteren Versuche zeigten, nicht nur für Axialventilatoren, sondern auch für Radialventilatoren mit rückwärts gekrümmten Schaufeln.

Die Ergebnisse lassen sich noch in anderer Form darstellen. Betrachtet man statt der dimensionslosen Größen φ und ψ die unmittelbar gemessenen Größen Δp_{ges} (Gesamtdruckdifferenz) und $\dot{V}$ (Volumstrom) und stellt man Δp_{ges} als Funktion von $\dot{V}$ dar, so erhält man eine Kennlinienschar mit der Drehzahl als Parameter, deren einzelne Kurven der φ-ψ-Kennlinie ähneln. In ein solches Diagramm lassen sich auch die Kurven von Betriebszuständen gleicher DIN-Lautstärke einzeichnen. Für die angeführten Beispiele der Axialventilatoren mit 450 bzw. 500 mm Laufraddurchmesser wird dies in Abb. 6 und 7 gezeigt. Die ausgezogenen Kurven stellen die Ventilatorkennlinien, die gestrichelten die Kurven gleicher Lautstärke dar.

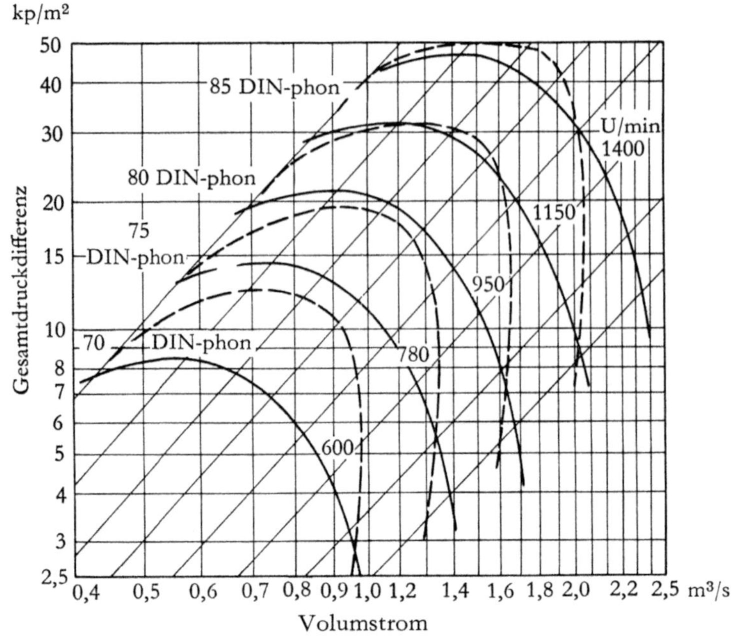

Abb. 6 Kennlinie und Kurven gleicher Lautstärke eines meridianbeschleunigten Axialventilators mit nachgeschaltetem Leitapparat; Laufraddurchmesser 450 mm

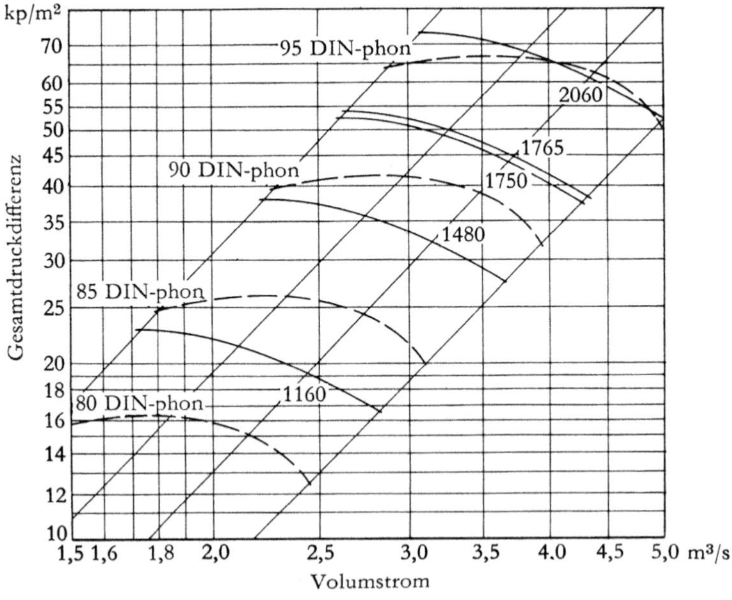

Abb. 7 Kennlinie mit Kurven gleicher Lautstärke eines Axialventilators; Laufraddurchmesser 500 mm

Längs der schrägen Geraden bleibt der Arbeitspunkt von Kennlinie zu Kennlinie konstant. Auch aus diesen Diagrammen wird deutlich, daß die Lautstärken des Ventilatorgeräusches in der Nähe des günstigsten Arbeitspunktes ihren jeweils niedrigsten Wert erreichen. Die Art der Darstellung hat für die praktische Beurteilung des Geräuschverhaltens den Vorzug, daß die Abhängigkeit von den unmittelbar interessierenden Größen Δp_{ges} und $\dot{V}$ auf einen Blick zu übersehen ist.
Um die Apparatekonstante C_1 und ihre Abweichung von den Konstanten anderer Axialventilatoren, insbesondere gleichen Typs, bestimmen zu können, haben wir sechs Ventilatoren mit 450 mm Laufraddurchmesser sowie Ventilatoren mit 500 und 630 mm Laufraddurchmesser untersucht. Wir fanden, in entsprechender Reihenfolge, die Werte $1{,}88 \cdot 10^{12}$; $1{,}05 \cdot 10^{12}$ und $2{,}2 \cdot 10^{12}$. Bei dem ersten Wert handelt es sich um die mittlere Konstante von sechs Ventilatoren gleicher Größe und Type. Bei Einsetzen in die Formel (3) weicht die berechnete Lautstärke der einzelnen Ventilatoren von den Meßwerten weniger als $\pm 2{,}5$ DIN-phon ab. Berücksichtigt man noch die zeitlichen Schwankungen der Lautstärke, so kann man mit Sicherheit sagen, daß keine größeren Abweichungen der berechneten von den gemessenen Lautstärken als ± 3 DIN-phon auftreten. Bei den anderen beiden Konstanten, die sich auf jeweils ein Exemplar beziehen, ist die Übereinstimmung noch besser; hier betragen die größten Abweichungen nur $\pm 1{,}5$ DIN-phon, sie sind kaum größer als die Meßunsicherheit.
Es ergab sich, daß die DIN-Lautstärke, also ein die Gesamtintensität unter Berücksichtigung der spektralen Ohrempfindlichkeit kennzeichnendes Maß, mit der 5. Potenz der Umfangsgeschwindigkeit wächst, nicht dagegen mit der 7. Potenz, wie Holle und Lübcke [3] gefunden hatten. In Abb. 8 ist das Ergebnis einiger Lautstärkenmessungen bei verschiedener Drehzahl und konstantem Drosselzustand wiedergegeben. Zum Vergleich wurde gestrichelt der Verlauf eingetragen, der sich bei Abhängigkeit von der 7. Potenz der Umfangsgeschwindigkeit hätte ergeben müssen. Als wir später an Radialventilatoren mit vorwärts gekrümmten Schaufeln das gleiche Verhalten feststellten, legten wir uns die Frage vor, wie dieser Unterschied zu erklären ist. Wir überprüften bei diesen Ventilatoren die

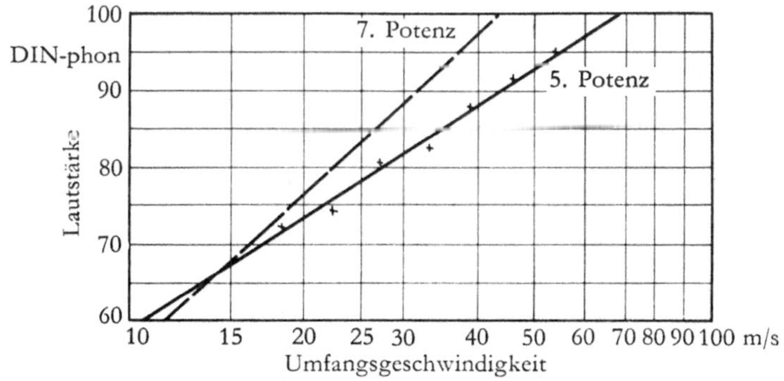

Abb. 8 DIN-Lautstärke von Ventilatoren in Abhängigkeit von der Umfangsgeschwindigkeit

Gesetzmäßigkeit der Schallintensitätszunahme in den einzelnen Terzbereichen und fanden folgendes:

Der Schallpegel wächst

im Frequenzbereich bis 800 Hz mit der 5. Potenz,
im Frequenzbereich von 800 Hz bis 2200 Hz mit der 6. Potenz,
im Frequenzbereich von 2200 Hz bis 4400 Hz mit der 7. Potenz,
im Frequenzbereich von 4400 Hz bis 8800 Hz mit der 8. Potenz,
und oberhalb 8800 Hz mit der 9. Potenz.

Hieraus ergibt sich, daß mit wachsender Umfangsgeschwindigkeit die höheren Frequenzbereiche in der spektralen Schallpegelverteilung immer mehr in Erscheinung treten müssen (s. z. B. Abb. 22) und sich dem Wachstumsgesetz aufprägen. Wenn also bei kleinen Umfangsgeschwindigkeiten die höchsten Schallpegel bei Frequenzen unter 800 Hz liegen, so wird für die Gesamtintensität zunächst das u^5-Gesetz gelten; bei wachsender Umfangsgeschwindigkeit wird der Exponent dann allmählich immer größer und könnte durchaus den Wert 7 erreichen. Vielleicht läßt sich auf diese Weise die Diskrepanz zwischen den Meßergebnissen von Holle und Lübcke und von uns erklären.

3.2.2.2 Abhängigkeit des Schallpegels von Frequenz und Betriebsbedingungen

Nicht weniger wichtig für die Folgerungen, die zum Entwurf optimaler Schallschutzmaßnahmen führen, ist die Untersuchung der spektralen Zusammensetzung des Geräusches. Auch hier war zu erwarten, daß die Bauart des Ventilators von großem Einfluß ist. Tatsächlich zeigten unsere Messungen recht erhebliche Unterschiede, die wiederum in einem gewissen Zusammenhang mit der Ventilatorkennlinie stehen. Wir beschränken uns zunächst darauf, die Verhältnisse beim Axialventilator zu schildern.
In den Abb. 9 und 10 sind mehrere Schallpegelkurven für den schon genannten meridianbeschleunigten Axialventilator mit 450 mm Laufraddurchmesser wiedergegeben. Dabei wurde während einer Versuchsreihe der Drosselzustand verändert, die Drehzahl jedoch konstant gehalten (Abb. 9), bei einer zweiten Versuchsreihe die Drehzahl geändert und der Drosselzustand belassen (Abb. 10). Die jeweiligen Wertegruppen von Drehzahl und Volumstrom sind in den Bildlegenden angegeben. Man erkennt aus Abb. 9, daß der Schallpegel der tiefen Terzbereiche verhältnismäßig niedrig liegt, daß bei einer bestimmten Frequenz, die sich bei kleinen und mittleren Drosselungen nicht mit dem Drosselzustand, sondern nur mit der Drehzahl ändert, ein Höchstwert auftritt und der Schallpegel dann mit zunehmender Frequenz wieder abfällt.
Die Frequenz des Schallpegelmaximums ist nahezu durch das Produkt von Schaufelzahl und Drehzahl gegeben, das man auch Lüfterton nennt. Ihr Abwandern zu tieferen Werten mit abnehmender Drehzahl ist aus Abb. 10 nicht mit voller Deutlichkeit zu entnehmen. Die Beziehung zwischen Drehzahl und Lüfterton ist offensichtlich nicht im ganzen Drehzahlbereich erfüllt, wie auch

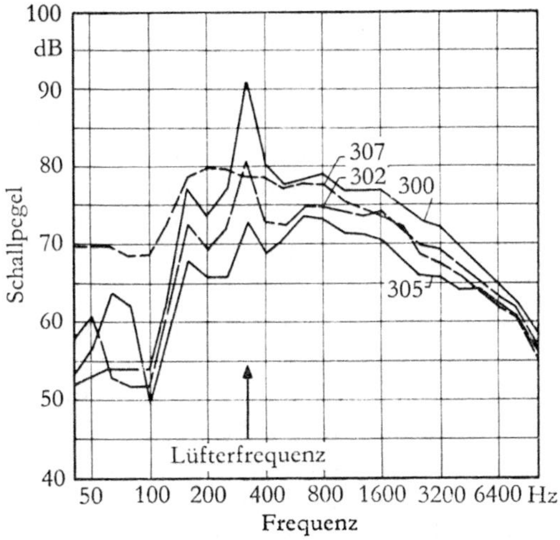

Abb. 9 Schallpegel eines meridianbeschleunigten Axialventilators mit nachgeschaltetem Leitapparat; Laufraddurchmesser 450 mm, Drehzahl $n = 1400$ U/min

Versuchs-Nr. 300: $\varphi = 0{,}742$
Versuchs-Nr. 302: $\varphi = 0{,}667$
Versuchs-Nr. 305: $\varphi = 0{,}497$
Versuchs-Nr. 307: $\varphi = 0{,}324$

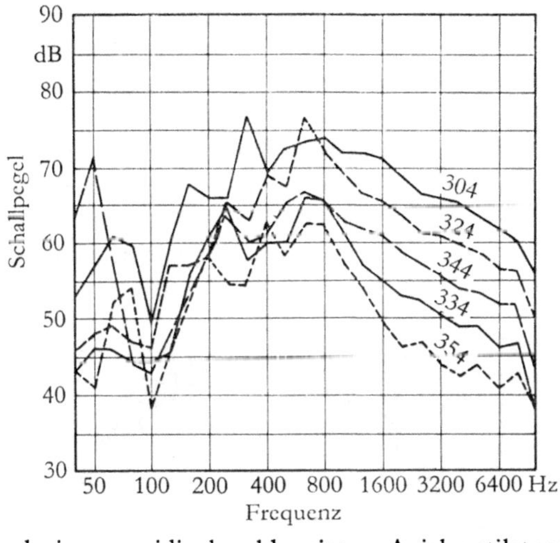

Abb. 10 Schallpegel eines meridianbeschleunigten Axialventilators mit nachgeschaltetem Leitapparat; Laufraddurchmesser 450 mm, Volumzahl $\varphi = 0{,}557$

Versuchs-Nr. 304: $n =$ 1400 U/min
Versuchs-Nr. 324: $n =$ 1100 U/min
Versuchs-Nr. 334: $n =$ 950 U/min
Versuchs-Nr. 344: $n =$ 780 U/min
Versuchs-Nr. 354: $n =$ 600 U/min

unsere Untersuchungen an Ventilatoren anderer Bauart zeigten. Hinzu kommt, daß bei der gewählten Meßanordnung die Schallenergie der tieferen Frequenzbereiche vom Ventilatoreinlaß ausgehend stärker nach den Seiten abgebeugt wird, also im Verhältnis zu den Energieanteilen der höheren Frequenzen in geringerer Stärke auf das axial aufgestellte Mikrophon gelangt. Infolge dieses Umstandes, auf den im Abschnitt 4.1 näher eingegangen wird, erscheint das Maximum des Lüftertones mit tiefer werdender Frequenz um so weniger als das höchste Maximum der ganzen Schallpegelkurve, je mehr es nach tiefen Frequenzen wandert, je kleiner also die Drehzahl wird.

Bei starker Drosselung tritt, wie aus Abb. 9 zu entnehmen ist, der Lüfterton in den Hintergrund, dafür bildet das um eine Oktave tiefer gelegene Maximum den Höchstwert. Bei der Untersuchung von sechs Axialventilatoren gleicher Bauart, die einen Laufraddurchmesser von 560 mm hatten, konnte der Einfluß der Drosselung auf die Lage und Größe der Maxima deutlicher studiert werden. Die Abb. 11 zeigt die wegen der Streubereiche der sechs Ventilatoren zu Bändern verbreiterten Schallpegelkurven bei kleiner, mittlerer und starker Drosselung. Die Drehzahl betrug 1530 U/min, die Lüfterfrequenz lag bei etwa 200 Hz, wo auch für kleine Drosselung der Höchstwert der Kurven liegt. Mit zunehmender Drosselung wird zunächst ein um eine Oktave höher liegendes Maximum größer, gut zu erkennen an der Kurve mittlerer Drosselung, um sich bei sehr starker Drosselung mit dem Lüftertonmaximum nach Frequenzen zu verschieben, die um zwei Terzen niedriger liegen. Dies wird möglicherweise durch die verstärkte Turbulenz verursacht, die jedenfalls für die größere Streubreite in diesem Bereich ausschlaggebend ist.

Durch Vergleich der einzelnen Schallpegelkurven konnten wir einen Einblick gewinnen, in welchem Maße sich die Schallpegel einzelner Frequenzbereiche eines Ventilators von denen anderer Ventilatoren desselben Typs unterscheiden. Es stellten sich Größtabweichungen von ± 13 dB bei 125 Hz heraus, bei 400 Hz betrugen diese nur noch ± 6,5 dB, bei 1000 Hz ± 2 dB. Mit wachsender Frequenz – die mittleren und höheren Frequenzen sind es ja, die zur Lautstärke beitragen – wird die Übereinstimmung der Schallpegelkurven immer besser, dies geht deutlich aus Abb. 11 hervor. Außer diesen Abweichungen treten auch zeitliche

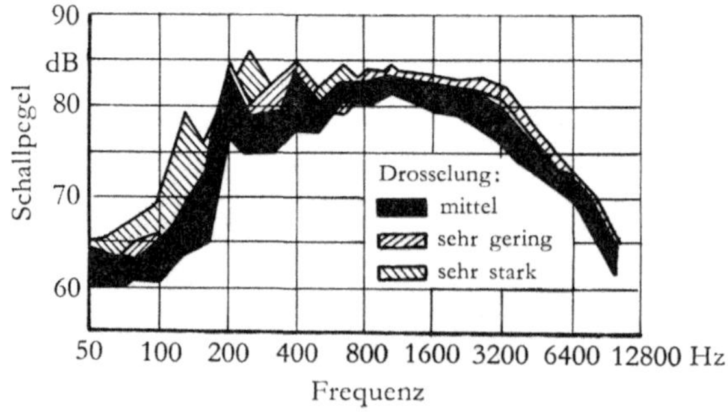

Abb. 11 Streuung des Schallpegels in Abhängigkeit von der Drosselung bei sechs Axialventilatoren des gleichen Typs; Laufraddurchmesser 560 mm; $n = 1530$ U/min

Schwankungen auf, sie sinken ebenfalls mit wachsender Frequenz, und die Schwankungsbreite beträgt in den höchsten Terzbereichen nur noch etwa ± 1,5 dB. Durch diese Schwankungen wird die Ablesung erschwert und die Meßgenauigkeit eingeschränkt. Die mittlere quadratische Abweichung der Schallpegel der untersuchten sechs Axialventilatoren, die unterhalb 500 Hz bis zu 2 dB erreichte, oberhalb 500 Hz kleiner als 1 dB war, muß zum Teil auf den Einfluß der zeitlichen Schwankungen zurückgeführt werden.

3.2.3 Radialventilatoren mit rückwärts gekrümmten Schaufeln

In der gleichen Weise wurden umfangreiche Untersuchungen an Radialventilatoren mit rückwärts gekrümmten Schaufeln durchgeführt.

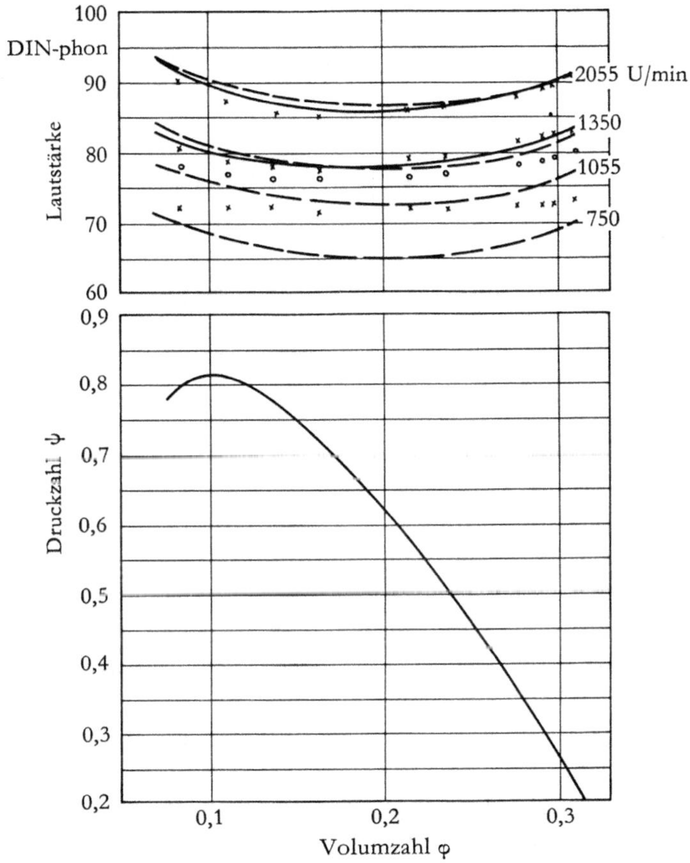

Abb. 12 DIN-Lautstärke in Abhängigkeit von der Volumzahl und dimensionslose Kennlinie eines Radialventilators mit rückwärts gekrümmten Schaufeln; Laufraddurchmesser 400 mm

3.2.3.1 Abhängigkeit der DIN-Lautstärke von den Betriebsdaten

Vergleicht man die φ-ψ-Kennlinien von Axial- und Radialventilatoren mit rückwärts gekrümmten Schaufeln, so fällt die große Ähnlichkeit beider Kurven auf. Es überraschte daher nicht, daß auch im Geräuschverhalten gewisse Übereinstimmungen bestehen. Über der Kennlinie in Abb. 12 sind wieder die DIN-Lautstärken bei verschiedenen Drehzahlen eines Radialventilators mit 400 mm Laufraddurchmesser aufgetragen. Das Lautstärkeminimum liegt in der Nähe des Arbeitspunktes, wo der günstigste Wirkungsgrad erreicht wird.

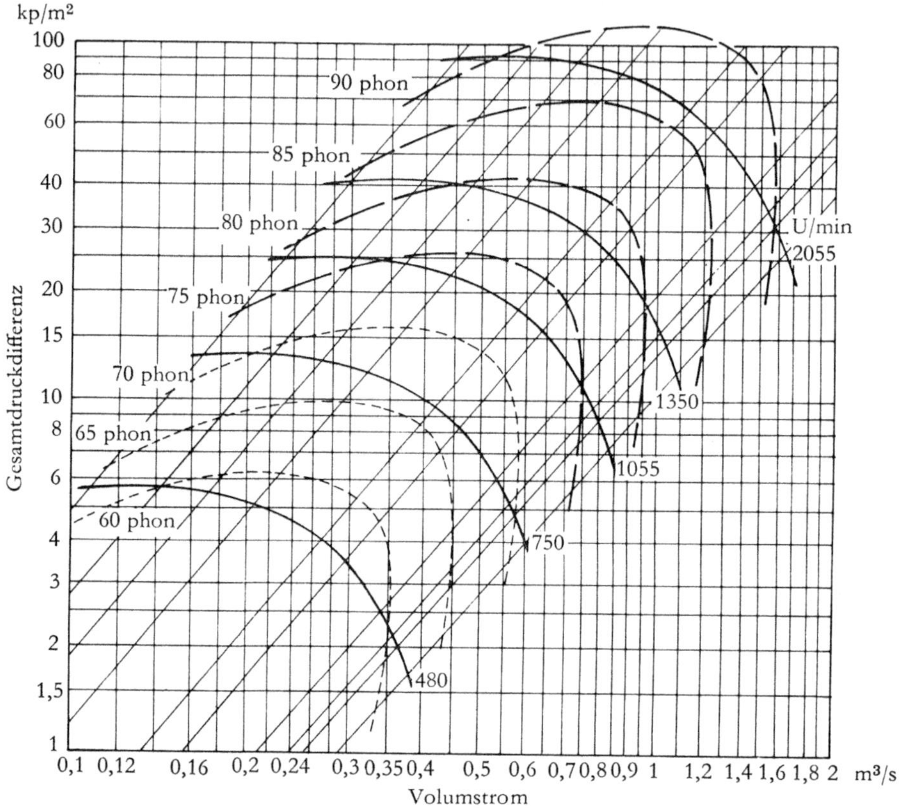

Abb. 13 Kennlinie und Kurven gleicher Lautstärke eines Radialventilators mit rückwärts gekrümmten Schaufeln; Laufraddurchmesser 400 mm

Auch bei diesem Ventilator liegen die gemessenen DIN-phon-Werte bei kleinen Drehzahlen, also niedrigen Lautstärken, wegen des Antriebsgeräusches über den gerechneten Kurven, die gestrichelt eingetragen sind.
Analog zu den Abb. 6 und 7 kann man Kennlinien und Linien gleicher Lautstärke in einem Diagramm mit Δp_{ges} und $\dot{V}$ als Koordinaten zusammenfassen, wie dies Abb. 13 für den gleichen Radialventilator zeigt. In Abb. 14 sind die Linien

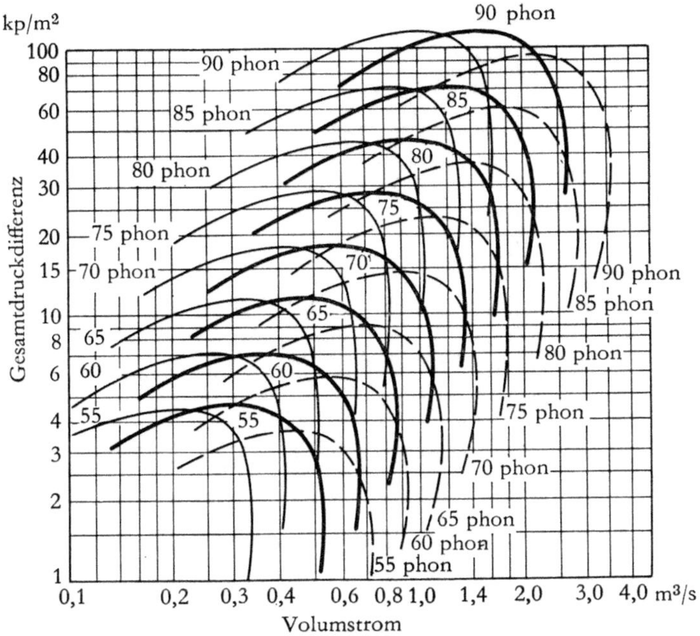

Abb. 14 Kurven gleicher Lautstärke von Radialventilatoren mit rückwärts gekrümmten Schaufeln; Laufraddurchmesser — 400 mm, ▬ 500 mm, – – – 630 mm

gleicher Lautstärke für Radialventilatoren mit 400, 500 und 630 mm Laufraddurchmesser wiedergegeben. In dieser Darstellung kommt sehr übersichtlich zum Ausdruck, wie die Wahl eines größeren Laufraddurchmessers, also größeren Ventilators bei den gleichen strömungstechnischen Daten (Gesamtdruckdifferenz und Volumstrom) zu geringeren Lautstärken führt, da dann diese Daten bei kleinerer Drehzahl erreicht werden. Bei einer Gesamtdruckdifferenz von z. B. 10 kp/m² und einem Volumstrom vom 1 m³/s ergibt der Ventilator mit 400 mm Laufraddurchmesser eine Lautstärke von 80 DIN-phon, während die größeren Ventilatoren nur 70 bzw. 67 DIN-phon hervorrufen.

Der Versuch, die DIN-Lautstärke in eine formelmäßige Beziehung zu den Betriebsdaten zu setzen, führt nach Auswertung der Meßergebnisse zu der gleichen Formel, wie sie für Axialventilatoren gefunden war, Gl. (3). Die Konstante C_1 hat hier andere Werte als bei den Axialventilatoren. Messungen an Radialventilatoren mit 500 mm Laufraddurchmesser bei verschiedenen Drehzahlen ergaben einen mittleren Wert der Konstanten von $1{,}53 \cdot 10^{11}$. Der Unterschied zwischen den Konstanten, die bei einem Laufraddurchmesser von 400 und bei einem solchen von 500 mm gemessen wurden, lag innerhalb der Meßunsicherheit. Die errechneten und die gemessenen Lautstärkewerte stimmten gut überein, die größten Abweichungen lagen bei $\pm$ 2,8 DIN-phon, so daß, unter Einbeziehung zeitlicher Lautstärkeschwankungen, eine Genauigkeit von besser als $\pm$ 4 DIN-phon vorliegt.

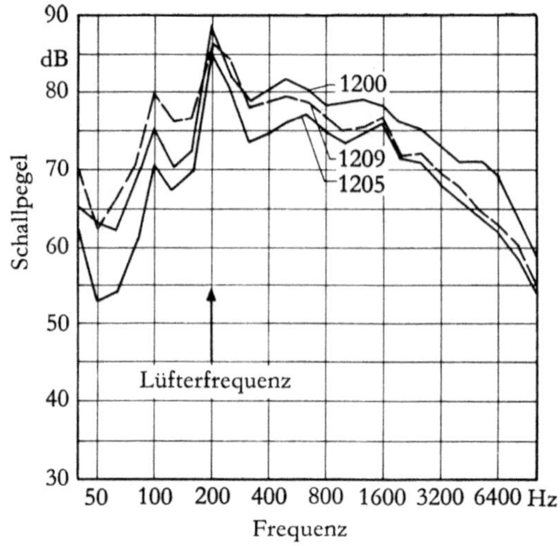

Abb. 15 Schallpegel eines Radialventilators mit rückwärts gekrümmten Schaufeln; Laufraddurchmesser 400 mm, Drehzahl $n = 2035$ U/min

Versuchs-Nr. 1200: $\varphi = 0{,}310$
Versuchs-Nr. 1205: $\varphi = 0{,}215$
Versuchs-Nr. 1209: $\varphi = 0{,}085$

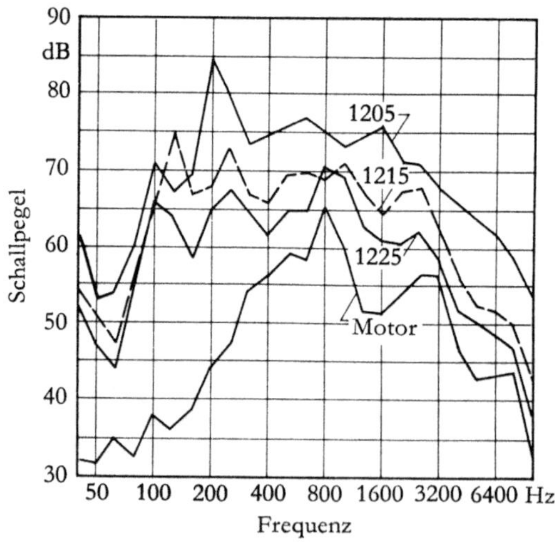

Abb. 16 Schallpegel eines Radialventilators mit rückwärts gekrümmten Schaufeln; Laufraddurchmeser 400 mm, Volumzahl $\varphi = 0{,}215$

Versuchs-Nr. 1205: $n = 2035$ U/min
Versuchs-Nr. 1215: $n = 1350$ U/min
Versuchs-Nr. 1225: $n = 1055$ U/min

3.2.3.2 Abhängigkeit des Schallpegels von Frequenz und Betriebsbedingungen

Die Abb. 15 und 16 zeigen den Verlauf des Schallpegels eines Radialventilators mit rückwärts gekrümmten Schaufeln. Die jeweils geänderten und die konstant gehaltenen Betriebsdaten sind in den Bildunterschriften angegeben. Im wesentlichen ähnelt das Kurvenbild dem der Axialventilatoren. Auch hier ist der Lüfterton ausgeprägt, besonders am günstigsten Arbeitspunkt. Die Verminderung der Drehzahl bringt eine Verminderung des Schallpegelmaximums und ein relatives Anwachsen des um zwei bis drei Terzen tiefer liegenden Nebenmaximums mit sich, wie aus Abb. 15 zu entnehmen ist, die sich auf den günstigsten Arbeitspunkt bezieht. Der Schallpegel des Motorgeräusches allein wurde miteingezeichnet, sein Höchstwert liegt bei einer um zwei Oktaven höheren Frequenz als der höchste Schallpegel beim Ventilator und ist für den Schallpegel des gemessenen Gesamtgeräusches bei den niedrigen Drehzahlen von offensichtlichem Einfluß gewesen, desgleichen ein um fünf bis sechs Terzen höher gelegenes Maximum. Daher scheint der Schluß berechtigt, daß der Frequenzgang des reinen Ventilatorgeräusches oberhalb der Lüfterfrequenz wesentlich gleichmäßiger abfällt, als es in der Abbildung dargestellt ist.
Die Untersuchung von fünf Radialventilatoren des gleichen Typs führte zu dem Ergebnis, daß die Streuung der Schallpegelwerte in den tieferen Frequenzbereichen die der Axialventilatoren etwas übertrifft. Als größte Abweichungen wurden bei 80 Hz ± 16 dB, bei 2400 Hz ± 1,5 dB gemessen. In Abb. 17 sind die mittle-

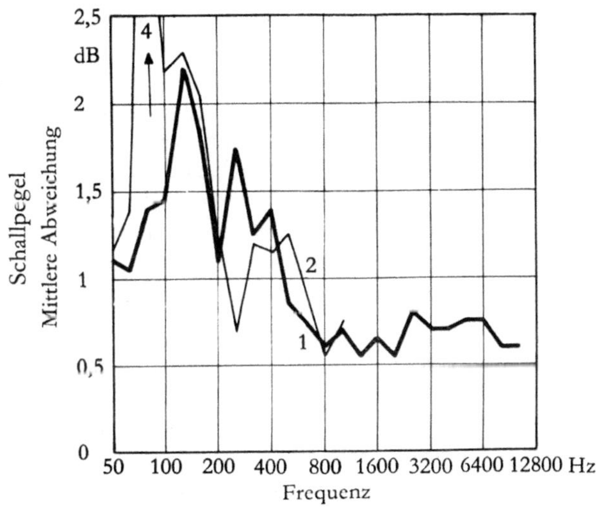

Abb. 17 Mittlere quadratische Abweichung des Schallpegels
Kurve 1 Bei sechs Axialventilatoren; Laufraddurchmesser 560 mm; n = 1530 U/min
Kurve 2 Bei fünf Radialventilatoren mit rückwärts gekrümmten Schaufeln; Laufraddurchmesser 500 mm; n = 1400 U/min

ren quadratischen Abweichungen des Schallpegels der schon besprochenen sechs Axialventilatoren mit 560 mm Laufraddurchmesser und diejenigen der fünf Radialventilatoren mit rückwärts gekrümmten Schaufeln und 500 mm Laufraddurchmesser einander gegenübergestellt; die Drehzahlen betrugen 1530 bzw. 1400 U/min. Die Spitzenwerte liegen unterhalb der jeweiligen Frequenz des Lüftertones und erreichten bei den Radialventilatoren 4 dB. Oberhalb 80 Hz fällt die mittlere quadratische Abweichung steil ab, um bei 800 Hz etwa den gleichen Wert wie bei Axialventilatoren anzunehmen und kleiner als 1 dB zu bleiben. Man kann also oberhalb des tiefen Frequenzbereiches mit seinen starken zeitlichen Schallpegelschwankungen durchaus von einer guten Übereinstimmung der spektralen Zusammensetzung des Geräusches bei verschiedenen Exemplaren der gleichen Baugröße sprechen.

3.2.4 Radialventilatoren mit vorwärts gekrümmten Schaufeln

Als dritte Ventilatorgattung untersuchten wir Radialventilatoren mit vorwärts gekrümmten Schaufeln, die als Trommelläufer sich den Ruf verhältnismäßig kleiner Geräuschentwicklung erworben haben. Da ihre Kennlinien von denen der Axialventilatoren und Radialventilatoren mit rückwärts gekrümmten Schaufeln stark abweichen, ist ein anderes Geräuschverhalten und eine andere Abhängigkeit der Lautstärke von den Betriebsdaten zu erwarten. Die Untersuchungen führten zur Feststellung folgender Gesetzmäßigkeiten.

3.2.4.1 Abhängigkeit der DIN-Lautstärke von den Betriebsdaten

In Abb. 18 ist die Kennlinie eines Radialventilators mit vorwärts gekrümmten Schaufeln bei 500 mm Laufraddurchmesser dargestellt mit den Kurven, die die Abhängigkeit der Lautstärke von der Volumzahl und der Drehzahl wiedergeben. Die Lautstärkewerte steigen mit wachsendem φ an; unterhalb des dargestellten Bereiches hatte jede Lautstärkekurve ein Minimum, wie ausgedehntere Versuche an einem Ventilator mit 400 mm Laufraddurchmesser erbrachten. Der Wirkungsgrad ist aber in diesem Bereich so gering, daß die Erscheinung nicht von praktischem Interesse ist, um so mehr, als bei diesen geringen Lautstärken das Motorgeräusch überdeckend in Erscheinung tritt.

Im Diagramm mit den Betriebsdaten Gesamtdruckdifferenz und Volumstrom lassen sich wieder Kurven gleicher Lautstärke auftragen, in Abb. 19 zusammen mit der Kennlinie bei 500 mm Laufraddurchmesser, in Abb. 20 zusammen mit Kurven gleicher Lautstärke für Ventilatoren mit Laufraddurchmessern von 400, 500 und 630 mm. Aus der letzten Abbildung geht wieder hervor, daß Ventilatoren größeren Durchmessers bei gleicher Lautstärke eine größere Förderleistung bringen.

Welchen quantitativen Zusammenhang kann man nun zwischen Lautstärke und Betriebsdaten feststellen? Schon die ersten Messungen zeigten, daß die Gesetzmäßigkeit anders aussieht als bei den vorher untersuchten Ventilatorarten. Die Lautstärke nimmt bei konstanter Drehzahl und Druckzahl mit wachsender Volum-

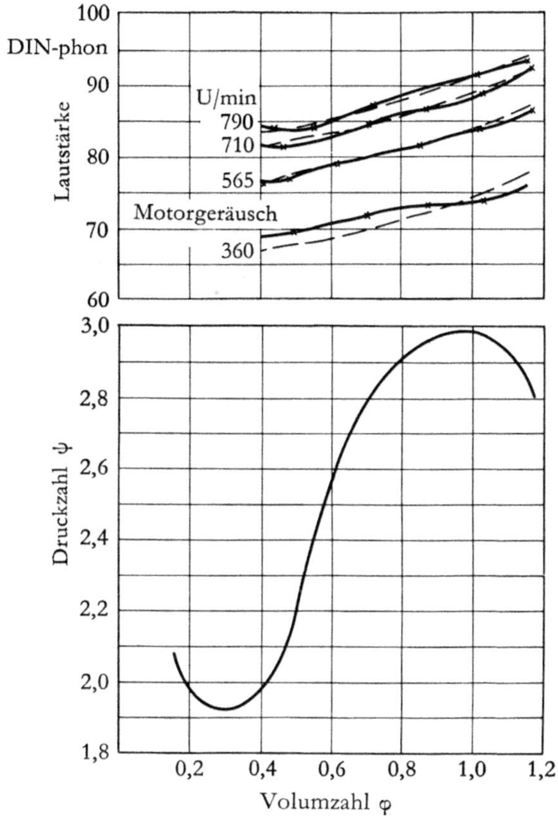

Abb. 18 DIN-Lautstärke in Abhängigkeit von der Volumzahl und dimensionslose Kennlinie eines Radialventilators mit vorwärts gekrümmten Schaufeln; Laufraddurchmesser 500 mm

zahl nicht ab, sondern stark zu. Nach verschiedenen Ansätzen fanden wir schließlich, daß die Beziehung

$$A_{DIN} = 10 \lg \left(C_2 \frac{Ma^5 \varphi^4}{\psi^4} \right) \tag{4}$$

die experimentellen Ergebnisse am besten wiedergibt.

Für die Konstante C_2 ergab sich bei einem Ventilator mit 400 mm Laufraddurchmesser ein Wert von $0{,}8 \cdot 10^{17}$, bei fünf Ventilatoren des gleichen Typs mit 500 mm Laufraddurchmesser ein mittlerer Wert von $1{,}1 \cdot 10^{17}$, bei einem Ventilator mit 630 mm Laufraddurchmesser ein Wert von $1{,}25 \cdot 10^{17}$.
Die Konstante ist also um fünf Zehnerpotenzen größer als die für Axial- und Radialventilatoren mit rückwärts gekrümmten Schaufeln. Daraus könnte man auf den ersten Blick auf eine stärkere Geräuschentwicklung schließen. Das Gegenteil

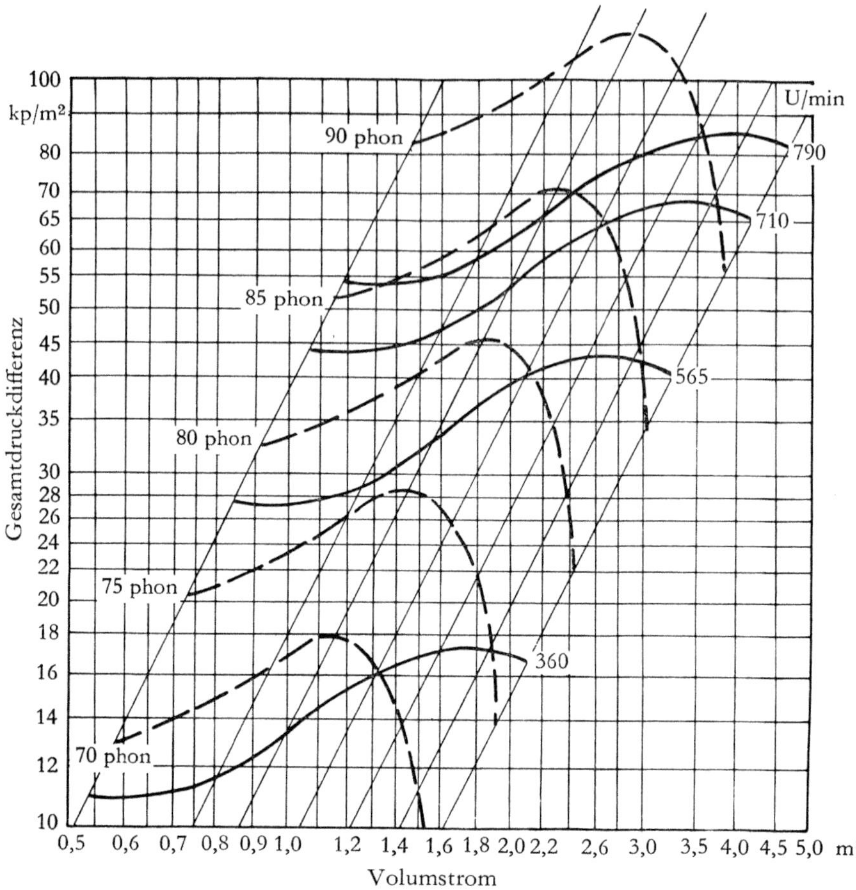

Abb. 19 Kennlinien mit Kurven gleicher Lautstärke eines Radialventilators mit vorwärts gekrümmten Schaufeln; Laufraddurchmesser 500 mm

ist der Fall: Radialventilatoren mit vorwärts gekrümmten Schaufeln sind bei gleichem Laufraddurchmesser mit viel mehr Schaufeln ausgerüstet als Axial- und Radialventilatoren mit rückwärts gekrümmten Schaufeln, ihre Förderleistung ist bei gleicher Drehzahl größer, so daß die Drehzahl zur Erreichung des gleichen Volumstromes verhältnismäßig niedrig gewählt wird, Ma^5 also klein ist. Außerdem ist die im Nenner stehende Druckzahl viel größer als die im Zähler stehende Volumzahl. Im üblichen Arbeitsbereich ist deshalb bei gleichem $\dot{V}$ und Δp_g die Geräuschentwicklung nicht größer als bei den anderen Ventilatoren.
Die Übereinstimmung der gemessenen Lautstärkewerte mit den Werten, die nach Gl. (4) errechnet wurden, ist außer bei den niedrigsten Drehzahlen, wo das Motorgeräusch überwiegt, sehr gut. Es wurden größte Abweichungen von $\pm$ 2,4 DIN-phon gefunden, so daß sich unter Berücksichtigung der zeitlichen Schwankungen eine Berechnungsgenauigkeit von besser als $\pm$ 3 DIN-phon angeben läßt.

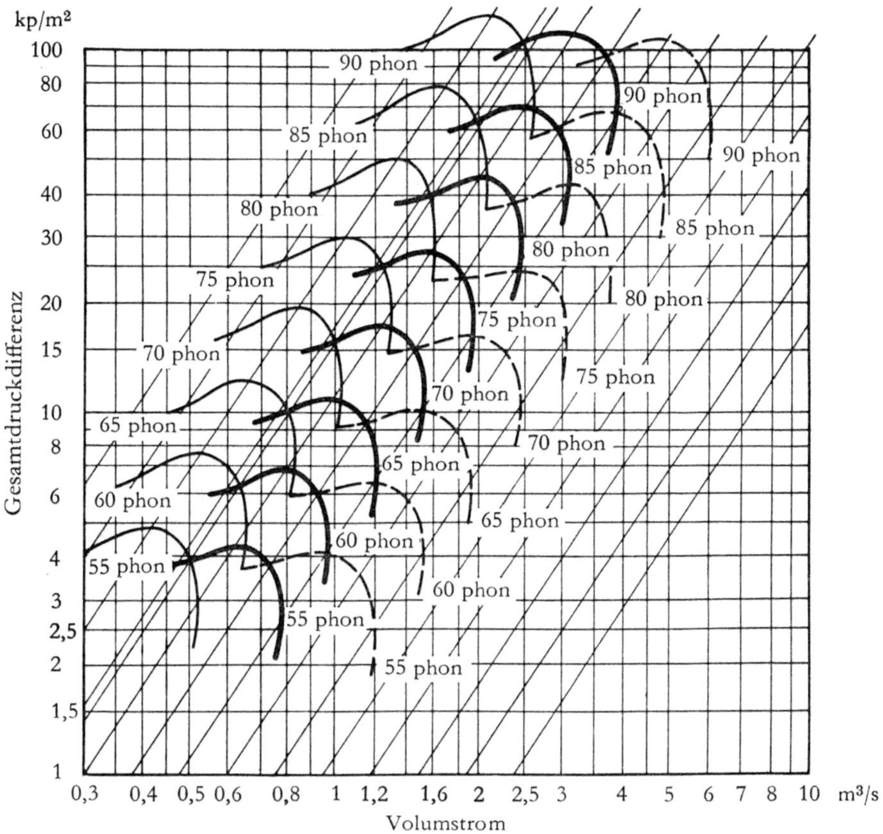

Abb. 20 Kurven gleicher Lautstärke für Radialventilatoren mit vorwärts gekrümmten Schaufeln; Laufraddurchmesser — 400 mm, ▬ 500 mm, – – – 630 mm

3.2.4.2 Abhängigkeit des Schallpegels von Frequenz und Betriebsbedingungen

Die Abb. 21 und 22 zeigen typische Schallpegelkurven für einen Radialventilator mit vorwärts gekrümmten Schaufeln und 500 mm Laufraddurchmesser. In der ersten Abbildung wurde wieder die Drehzahl, in der zweiten Abbildung der Drosselzustand konstant gehalten. Gegenüber den zuvor untersuchten Ventilatorarten zeigen sich auch hier wesentliche Unterschiede. Änderungen der Volumzahl oder der Drehzahl bewirken keine Formänderungen der Kurven, sondern nur eine Parallelverschiebung. Des weiteren fehlt der starke Schallpegelabfall im tiefen Frequenzbereich, der Lüfterton ist nicht ausgeprägt. Der Geräuschcharakter ist wegen des ziemlich gleichmäßigen Absinkens des Schallpegels von etwa 200 Hz nach hohen Frequenzen zu von geringerer Lästigkeit als das Geräusch der anderen Ventilatoren, was für die Praxis allerdings nur dann Bedeutung hat, wenn in einer Belüftungsanlage aus räumlichen oder anderen Gründen

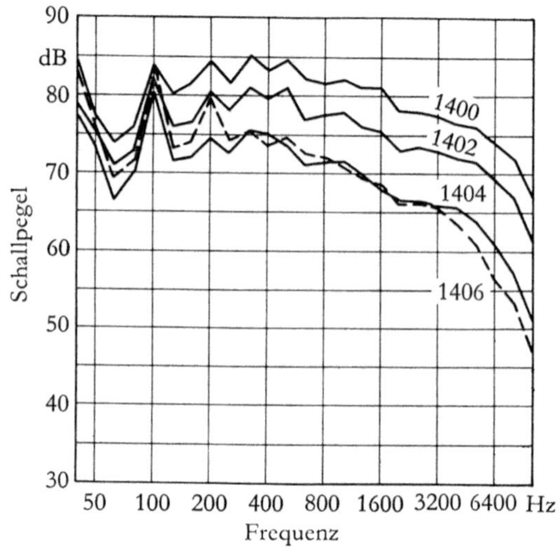

Abb. 21 Schallpegel in Abhängigkeit von der Frequenz bei einem Radialventilator mit vorwärts gekrümmten Schaufeln; Laufraddurchmesser 500 mm; Drehzahl n = 790 U/min

Versuchs-Nr. 1400: $\varphi = 1{,}16$
Versuchs-Nr. 1402: $\varphi = 0{,}87$
Versuchs-Nr. 1404: $\varphi = 0{,}55$
Versuchs-Nr. 1406: $\varphi = 0{,}29$

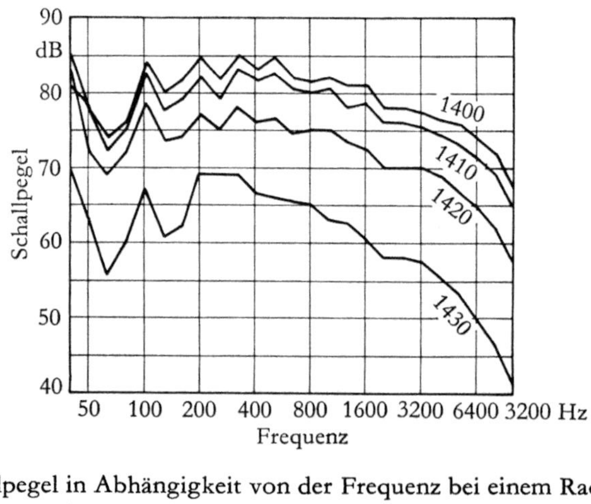

Abb. 22 Schallpegel in Abhängigkeit von der Frequenz bei einem Radialventilator mit vorwärts gekrümmten Schaufeln; Laufraddurchmesser 500 mm; Volumzahl $\varphi = 1{,}16$

Versuchs-Nr. 1400: n = 790 U/min
Versuchs-Nr. 1410: n = 710 U/min
Versuchs-Nr. 1420: n = 565 U/min
Versuchs-Nr. 1430: n = 360 U/min

nur eine geringe oder gar keine künstliche Schalldämpfung vorgesehen werden kann.

Bei der Untersuchung mehrerer Exemplare des gleichen Ventilatortyps mit 500 mm Laufraddurchmesser ergaben sich Differenzen zwischen den Schallpegeln der einzelnen Ventilatoren bis zu $\pm$ 12 dB bei etwa 64 Hz, wo die zeitlichen Schwankungen besonders hervortraten; bei 640 Hz betrugen die Differenzen nur noch $\pm$ 1 dB. Entsprechend lagen die mittleren quadratischen Abweichungen bei 3 bzw. 0,5 dB. Ein Zusammenhang zwischen der Frequenz maximaler Abweichungen und der Frequenz des Lüftertones war ebensowenig erkennbar wie ein Hervortreten des Lüftertones selbst.

Die Radialventilatoren mit vorwärts gekrümmten Schaufeln zeigen beim Vergleich mehrerer Exemplare des gleichen Typs gegenüber den anderen Ventilatoren die geringsten Abweichungen sowohl in der Lautstärke als auch im Schallpegel.

4. Die praktische Anwendung der gewonnenen Erkenntnisse

4.1 Berechnung des Schalleistungspegels am Kanaleingang

Die umfangreichen Messungen an Ventilatoren der drei Hauptarten gaben über ihr Geräuschverhalten viele Aufschlüsse. Besonders wurde die je nach Ventilatorart unterschiedliche Gesetzmäßigkeit des Zusammenhanges von DIN-Lautstärke und Schallpegelverlauf mit den Betriebsdaten deutlich und konnte formel- und kurvenmäßig dargestellt werden. Damit war die Voraussetzung geschaffen, Unterlagen für die Berechnung der Schallpegel und damit der Lautstärke im zu belüftenden Raum auszuarbeiten.
Die Kenntnis des Lautstärkewertes allein reicht nicht aus, um gezielte Schallabwehrmaßnahmen treffen zu können. Ihre Wirksamkeit hängt von der Schallfrequenz ab, die Bemessung der schalldämpfenden Einrichtungen daher vom Frequenzgang des Geräusches im zu belüftenden Raum. Um diesen Frequenzgang vorausbestimmen zu können, muß man außer der spektralen Verteilung der in den Kanal gelangenden Schallenergie die Einflußgrößen kennen, die diesen Frequenzgang bei der Fortleitung des Geräusches in den zu belüftenden Raum verändern.
Wie sieht nun der rechnerische Weg von der Lautstärke, die in einem definierten Punkt vor dem Ventilatoreinlaß bestimmt wurde, zum Schallpegel im zu belüftenden Raum aus?

Man kann diesen Weg in drei Abschnitte unterteilen:

1. Die Berechnung der Schallenergie, die in das Kanalsystem gelangt, unter Berücksichtigung ihrer spektralen Verteilung.
2. Die Berechnung der durch das Kanalsystem verursachten Energieminderung (Schalldämpfung), wiederum unter Beachtung der Frequenzabhängigkeit.
3. Die Berechnung der Schallpegel, die durch Abstrahlung vom Kanalende im zu belüftenden Raum entstehen, aus der Schallenergie am Kanalende in Abhängigkeit von der Frequenz.

Wie man sieht, kommt es nicht auf den Schalldruckpegel im Kanal an, sondern auf die dort transportierte Schallenergie oder, um ein ihr entsprechendes logarithmisches Maß zu verwenden, auf den Schalleistungspegel. Diese Größe ist in der Schalltechnik noch verhältnismäßig wenig eingebürgert, obgleich sie z. B. die Berechnung von Schallausbreitungserscheinungen und die akustische Kennzeichnung von Schallquellen wesentlich erleichtert. Darum sei hier der Unterschied zum Schalldruckpegel hervorgehoben. Der Schalldruckpegel ist der zehnfache Logarithmus des Verhältnisses der Schalldruckquadrate oder – was auf dasselbe

hinauskommt – der Schallintensitäten, er ist also eine Schallfeldgröße, d. h. eine Größe, die an einen bestimmten Ort im Schallfeld gebunden ist. An einem anderen Ort herrscht ein anderer Schalldruckpegel. Der Schalleistungspegel dagegen bezieht sich auf die durch eine Querschnittsfläche des gesamten Schallfeldes oder des betrachteten Schallfeldteiles z. B. den Kanalquerschnitt hindurchtretende Schallenergie. Durch den Schalleistungspegel wird die von einer Schallquelle ausgestrahlte Schalleistung (Schallenergie je Zeiteinheit) in einfacher Weise gekennzeichnet; ebenso kann die Schallenergie, die durch ein leitendes System, z. B. einen Kanal, übertragen wird, mit Hilfe dieser Größe ausgedrückt werden.
Es kommt also darauf an, den Schalleistungspegel im Kanalanfang hinter dem Ventilator aus dem an bestimmter Stelle vor dem Ventilator herrschenden Schalldruckpegel zu berechnen. Gehen wir von der durch entsprechende Vorversuche bestätigten Voraussetzung aus, daß vom Ansaugstutzen praktisch die gleiche Schalleistung abgestrahlt wird wie vom druckseitigen Stutzen, so kann die folgende Beziehung verwendet werden [11]:[3]

$$L_W = L_p - 10 \lg\left(\frac{\Gamma^2}{4\,\pi r^2} + \frac{4}{A}\right)$$

mit (5)

$$A = \sum_i \alpha_i F_i = 0{,}163\; V_R/T$$

L_W ist der Schalleistungspegel der Einlaßfläche, L_p der Schalldruckpegel, der im Abstand r (in m) vom Mittelpunkt der Einlaßfläche in einer bestimmten Richtung gemessen wird. Die Verbindungslinie vom Mikrophon zum Mittelpunkt der Einlaßfläche schließt dabei mit der Einlaßachse einen bestimmten Richtungswinkel ein. Γ ist der Richtfaktor, d. i. das Verhältnis des in der betreffenden Richtung gemessenen Schalldruckes zum Mittelwert der Schalldrücke, die auf einer Kugelschale mit r als Radius um die Einlaßöffnung des Durchmessers d_e gemessen würden. Die Größe Γ^2 ist theoretisch bekannt [11] und in Abb. 23 als Funktion des Produktes $\sqrt{\pi} \cdot f \cdot \frac{d_e}{2}$ dargestellt (f = Schallfrequenz). Die Abb. 23b bezieht sich auf einen Richtungswinkel von 0°, gilt also für Abstrahlung in Achsenrichtung wie im vorliegenden Fall, Abb. 23a bezieht sich auf einen Richtungswinkel von 45°. Als Parameter ist die Lage der Schallquellenöffnung im Meßraum eingeführt, wie in der Abbildungsunterschrift angegeben. Für unseren Fall kommt die Kurve 1 in Betracht. A ist die äquivalente Absorptionsfläche (Absorptionsvermögen), gemessen in m², die entweder aus den einzelnen Teilflächen F_i des Meßraumes, gemessen in m², und den zugehörigen Schallabsorptionsgraden α_i ermittelt wird oder aus dessen Nachhallzeit T (die in s gemessene Zeit, während

[3] In den angelsächsischen Ländern wird der Schalleistungspegel L_W auf eine festgelegte Schalleistung $W_0 = 10^{-13}$ Watt (und nicht wie bei uns auf $W_0 = 10^{-12}$ Watt) bezogen. Daher ist in diesen Ländern bei gleichem Schalldruck der Schalleistungspegel um 10 dB größer als bei uns. Beachtet man diesen Unterschied, so liefert Gl. (5) wegen 1 m² = 10,76 sq. ft. ≈ 10 sq. ft. praktisch gleiche Resultate, gleichgültig, ob W_0, r^2 und A in metrischen oder angelsächsischen Einheiten eingesetzt werden.

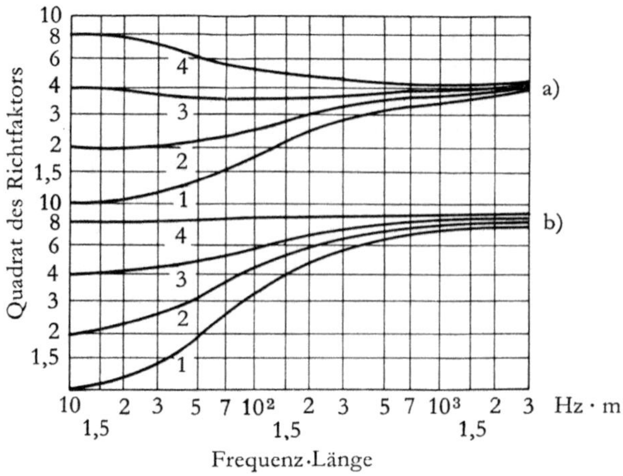

Abb. 23 Quadrat des Richtfaktors in Abhängigkeit vom Produkt aus Frequenz und Wurzel der Auslaß- bzw. Einlaßfläche für einen Richtungswinkel von 45° (Abb. 23a) und 0° (Abb. 23b) nach Beranek [11]; die Auslaß- bzw. Einlaßfläche befindet sich

bei Kurve 1 in der Raummitte,
bei Kurve 2 auf der Wandmitte,
bei Kurve 3 in der Mitte einer Raumkante,
bei Kurve 4 in einer Raumecke

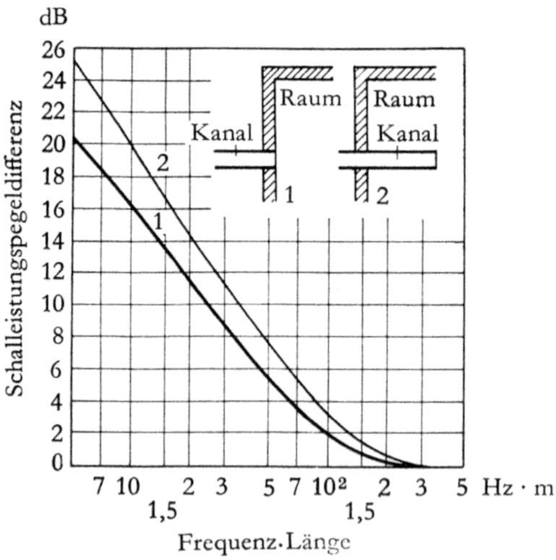

Abb. 24 Differenz der Schalleistungspegel am Kanalauslaß bzw. -einlaß als Funktion des Produktes aus Frequenz und Quadratwurzel der Auslaß- bzw. Einlaßfläche; nach Allen [12]

Kurve 1 Kanalende bündig mit der Wand
Kurve 2 Kanalende ragt in den Raum hinein

derer der Schalldruckpegel eines Schallimpulses mit der Mittenfrequenz des betreffenden Oktavbereiches um 60 dB abgesunken ist) und dem Raumvolumen V_R, gemessen in m³.

Der so errechnete Schalleistungspegel ist nicht gleich demjenigen, der in den Kanal abgestrahlt wird, da die Abstrahlung vom Einlaßstutzen in einen größeren Raum, nicht aber in einen Kanal mit gleichem Querschnitt erfolgt. Es muß also noch eine Korrektur angebracht werden, die der Schallreflexion an der plötzlichen Erweiterung des Querschnittes (von dem der Einlaufdüse auf den im Vergleich dazu sehr großen des Raumes) Rechnung trägt. Solch eine Reflexion spielt auch beim Schallaustritt aus einem Kanalende in den zu belüftenden Raum eine Rolle, man nennt sie Auslaßdämpfung. Die Größe dieser Schalleistungspegeldifferenz hängt davon ab, ob der Auslaß bündig mit der Wand endet oder in den Raum hineinragt, sie ist in Abb. 24 grafisch dargestellt [12].

Unter Berücksichtigung dieser Gesetzmäßigkeiten ergeben sich Frequenzgänge des Schalleistungspegels, die sich von denen des Schalldruckpegels 1 m vor dem Ventilatoreinlaß unterscheiden. Ihre Pegelwerte zeigen einen mit abnehmender Frequenz wachsenden Anstieg gegenüber den Werten der Schalldruckpegelkurven.

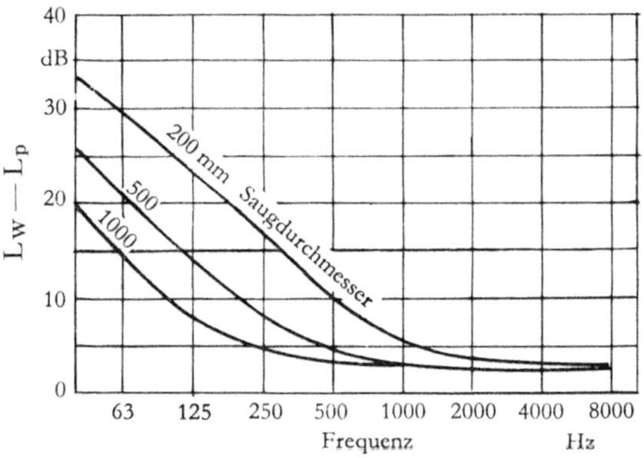

Abb. 25 Differenz zwischen Schalleistungspegel am Ventilatoreinlaß und Schalldruckpegel, gemessen 1 m vor dem Ventilatoreinlaß in axialer Richtung, für verschiedene Laufraddurchmesser, bezogen auf die Messungen der vorliegenden Arbeit

Dieser relative Frequenzgang, bezogen auf die Werte des Schalleistungspegels bei gleicher Frequenz, ist in Abb. 25 dargestellt. Mit Hilfe dieses Diagrammes können die von uns vor dem Einlaß gemessenen Schalldruckpegel in Schalleistungspegel umgerechnet werden.

4.2 Ableitung von Formeln und Diagrammen zur Vorausberechnung des Schalleistungspegels

Der von den Messungen zur Verfügung stehende Wert ist die DIN-Lautstärke; der Schalldruckpegel wurde nicht in allen Fällen bestimmt und ist nicht in der

gleichen Formel mit den Betriebsdaten zusammenzufassen wie die Lautstärke. Andererseits kann nur vom Schalldruckpegel auf den Schalleistungspegel umgerechnet werden. Wir haben dazu das folgende Verfahren angewandt.
Es wurde für jede Ventilatorart ein allgemeiner, aus den streuenden Einzelergebnissen abstrahierter Frequenzgang des Schalleistungspegels, bezogen auf Oktavbandbreiten, bestimmt. Dabei wurden nur Betriebszustände in der Nähe des günstigsten Arbeitspunktes berücksichtigt. Wir versuchten, die von ALLEN aus Messungen der Schalleistungspegel in einem reflexionsarm abgeschlossenen Kanal gewonnenen verallgemeinerten Frequenzgangkurven, so weit es möglich war, mit zu verwenden. In einer früheren Arbeit [13] konnten wir zeigen, daß unsere Schalldruckpegelkurven nach der oben skizzierten Umrechnung mit den Kurven von ALLEN in Einklang stehen. Lediglich die Schalleistungspegel für Radialventilatoren mit rückwärts gekrümmten Schaufeln zeigten größere Abweichungen; ihr Frequenzgang ähnelt, wie in Abschnitt 3.2.4.2 besprochen wurde, mehr dem der Axialventilatoren. Die Abb. 26 und 27 geben für Axialventilatoren und Radial-

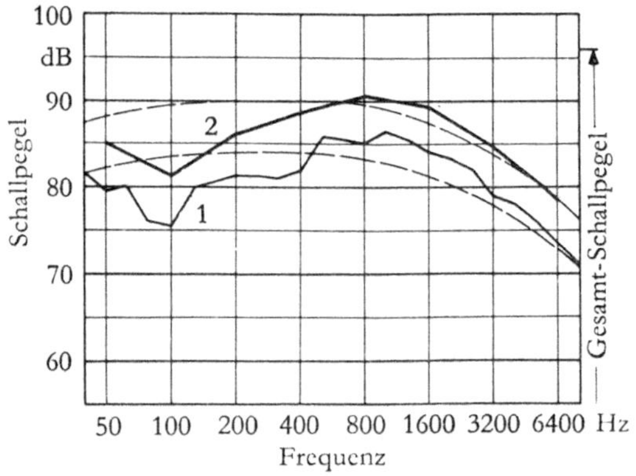

Abb. 26 Schallpegel in Abhängigkeit von der Frequenz bei einem meridianbeschleunigten Axialventilator mit nachgeschaltetem Leitapparat; Laufraddurchmesser 500 mm

Kurve 1 Gemessen mit Terzfiltern und umgerechnet auf Frequenzgang des Schalleistungspegels am Ventilatoreinlaß

Kurve 2 Werte der Kurve 1, umgerechnet auf Oktavfilter

ventilatoren mit vorwärts gekrümmten Schaufeln die durch Umrechnung unserer Schallpegelanalysen gefundenen Kurven für Terzbandbreiten sowie für Oktavbandbreiten wieder. Als gestrichelte Linien ist jeweils das Toleranzfeld der ALLENschen Kurve eingezeichnet. Die größten Abweichungen überschreiten ± 2 dB nicht, was mit Rücksicht auf die früher erörterten zeitlichen und exemplarbedingten Schwankungen der gemessenen Schallpegel nicht ins Gewicht fällt. Bei anderen Beispielen konnten teilweise noch bessere Übereinstimmungen festgestellt werden. Für Radialventilatoren mit rückwärts gekrümmten Schaufeln fanden wir die in Abb. 28 mit einem Toleranzfeld von $\pm$ 4 dB gestrichelt eingezeichnete

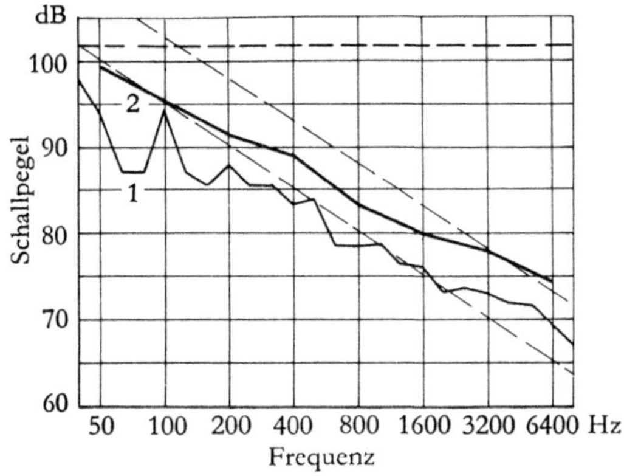

Abb. 27 Schallpegel in Abhängigkeit von der Frequenz bei einem Radialventilator mit vorwärts gekrümmten Schaufeln; Laufraddurchmesser 400 mm

Kurve 1 Gemessen mit Terzfiltern und umgerechnet auf Frequenzgang des Schalleistungspegels am Ventilatoreinlaß

Kurve 2 Werte der Kurve 1, umgerechnet auf Oktavfilter

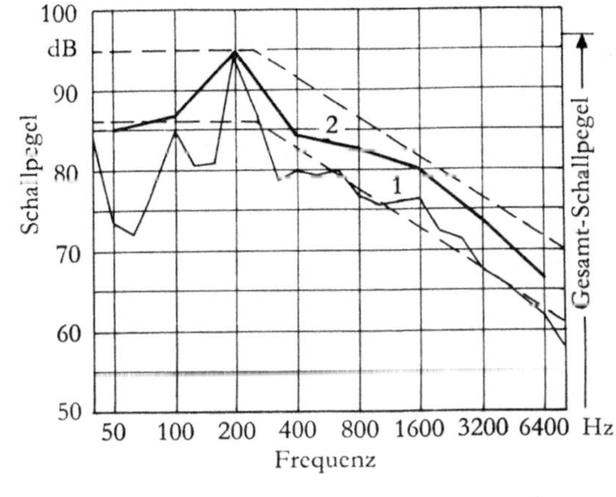

Abb. 28 Schallpegel in Abhängigkeit von der Frequenz bei einem Radialventilator mit rückwärts gekrümmten Schaufeln; Laufraddurchmesser 500 mm

Kurve 1 Gemessen mit Terzfiltern und umgerechnet auf Frequenzgang des Schalleistungspegels am Ventilatoreinlaß

Kurve 2 Werte der Kurve 1, umgerechnet auf Oktavfilter

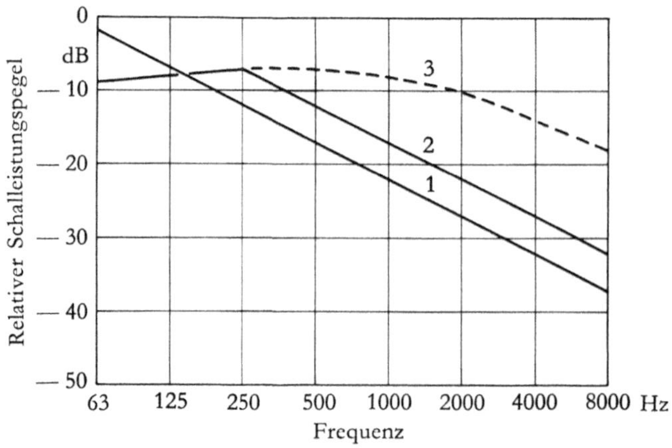

Abb. 29 Verallgemeinerte Frequenzgangkurven für Radialventilatoren mit vorwärts gekrümmten Schaufeln (Kurve 1), Radialventilatoren mit rückwärts gekrümmten Schaufeln (Kurve 2), Axialventilatoren (Kurve 3)

Kurve. Sie folgt vom Frequenzwert 250 Hz an der Neigung der Kurve für Radialventilatoren mit vorwärts gekrümmten Schaufeln; unterhalb dieses Wertes verläuft sie parallel zur Frequenzachse. In Abb. 29 sind die verallgemeinerten Kurven zusammengefaßt, die Toleranzbereiche $\pm$ 4 dB sind hier nicht eingetragen. Wie betont, gelten diese Kurven für Schalleistungspegel im Kanal bei Betriebszuständen in der Nähe des günstigsten Arbeitspunktes. Aus den Ergebnissen von Versuchen, bei denen diese Bedingungen nicht eingehalten werden, kann jedoch der Schluß gezogen werden, daß die auf Oktavbandbreiten umgerechneten Schalleistungspegel von dem Verlauf der Kurven bei günstigem Wirkungsgrad selten um mehr als 6 dB abweichen; dabei ist die gemäß Formel (3) bzw. (4) bedingte Veränderung des Gesamtpegels berücksichtigt. Die Unterschiede liegen im allgemeinen unter $\pm$ 4 dB, also unter dem Toleranzwert der verallgemeinerten Frequenzgangkurven.
Bei der rechnerischen Bestimmung des Gesamtschalleistungspegels L_W des vom Ventilator in den Saug- oder Druckstutzen abgestrahlten Geräusches ist es zweckmäßig, zunächst den Gesamtschalldruckpegel L_p und danach unter Berücksichtigung der Laufradfläche $F = \pi d^2/4$ den Gesamtschalleistungspegel

$$L_W = L_p + 10 \lg \frac{F}{F_0} \tag{6}$$

mit $F_0 = 1\ \text{m}^2$ zu berechnen.

Da die Schalldruckpegel von Ventilatoren, besonders bei solchen im Bereiche der Komfortbelüftung, in der Mehrzahl im Frequenzbereich 300–1000 Hz liegen, sind die Werte sowohl für den Gesamtschalldruckpegel (dB) als auch für die Lautstärke (DIN-phon) oberhalb 65 DIN-phon zahlenmäßig nahezu gleich. Aber auch bei Lautstärken unterhalb 65 DIN-phon ist der Unterschied zwischen beiden Größen nicht größer als die Meßgenauigkeit. Aus diesem Grunde ist es erlaubt, die Formel (3) und (4) auch für die Berechnung des Gesamtschalldruckpegels zu benutzen. Für die praktische Anwendung wurden beide empirischen Beziehungen auf die Gebrauchsformel[4]

$$L_p = 50 \lg \frac{u}{u_0} + L_s \tag{7}$$

umgestellt, worin $u = \pi \cdot d \cdot n/60$ die Umfangsgeschwindigkeit der Blatt- oder Schaufelspitzen in m/s bedeutet und $u_0 = 1$ m/s ist.
Wegen der Typenabhängigkeit der beiden Konstruktionskonstanten C_1 und C_2 in Formel (3) und (4) ist auch der Anteil L_s, der sogenannte spezifische Schalldruckpegel, typenabhängig. Aus den vorliegenden Messungen berechneten sich für den Bestpunkt unter Berücksichtigung der Auslaßdämpfung und Schallbeugung die in Tab. 1 aufgeführten spezifischen Schalldruckpegel. Der Gesamtschalldruckpegel eines im Bestpunkt arbeitenden Lüftungsventilators setzt sich somit noch (7) additiv aus insgesamt zwei Anteilen zusammen. Der erste Anteil (Geräuschanteil 1) ist für alle Ventilatoren aus dem Diagramm Abb. 30 zu entnehmen und der zweite Anteil (Geräuschanteil 2) ist für den jeweiligen Typ nach Tab. 1 zu bestimmen. Der Gesamtschalleistungspegel ergibt sich, indem zum Gesamtschalldruckpegel (Geräuschanteil 1 plus Geräuschanteil 2) der zehnfache Logarithmus der Laufradfläche addiert wird [vgl. hierzu Gl. (6)].
Bei Axialventilatoren und Radialventilatoren mit rückwärtsgekrümmten Schaufeln steigt links und rechts vom Bestpunkt der Gesamtschalleistungspegel um den Betrag ΔL_s gemäß Abb. 31a an, während bei Radialventilatoren mit vorwärtsgekrümmten Schaufeln (sogenannte Trommelläufer) das Geräuschverhalten bei wechselndem Durchfluß insofern anders ist, als links vom Bestpunkt das Geräusch nicht mehr zunimmt, sondern entsprechend der Kurve in Abb. 31b weiter abnimmt (vgl. hierzu auch Abb. 18).

Tab. 1 Bestimmung des zweiten Anteils L_s (spezifischer Schalldruckpegel) *des Gesamtschalldruckpegels* [Geräuschanteil 2 in Gl. (7)]

Axialventilatoren	Radialventilatoren	
	rückwärts-	vorwärts-
	gekrümmte Schaufeln	
20 dB (bis 23 dB)	22 dB (bis 25 dB)	40 dB (38–42 dB)

[4] Mit den dimensionslosen Ventilatorkennzahlen φ und ψ (Ziffer 3.2.1) kann die Beziehung (6) mit L_p nach Gl. (7) auch umgeformt werden zu

$$L_W = L'_{W_s} + 20 \lg \frac{\Delta p}{\Delta p_0} + 10 \lg \frac{\dot{V}}{\dot{V}_0}$$

Der spezifische Schalleistungspegel L'_{W_s} berechnet sich nach unseren Messungen für alle untersuchten Ventilatortypen im Mittel zu 56–60 dB, sofern Gesamtdruck Δp in kp/m² und Volumstrom $\dot{V}$ in m³/s des Optimums eingesetzt werden ($\Delta p_0 = 1$ kp/m², $\dot{V}_0 = 1$ m³/s).

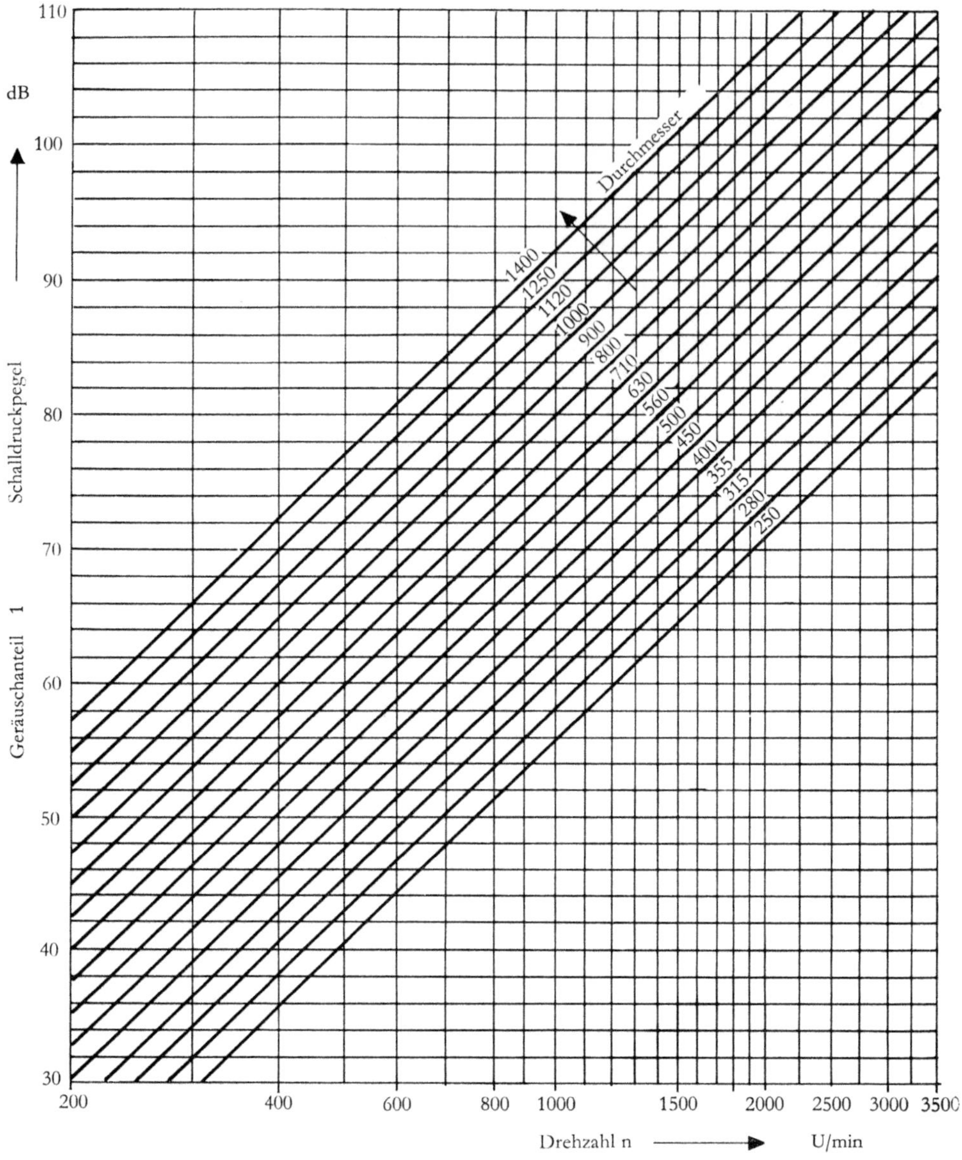

Abb. 30 Bestimmung des ersten Anteils des Gesamtschalldruckpegels für alle Ventilatoren [s. Gl. (7)]

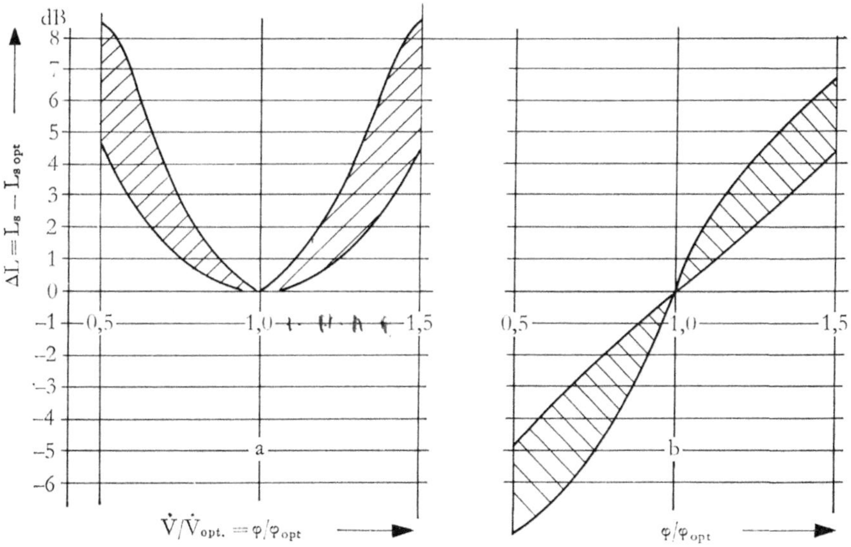

Abb. 31 Geräuschverhalten bei wechselndem Durchfluß
a) Radialventilatoren mit rückwärtsgekrümmten Schaufeln und Axialventilatoren
b) Radialventilatoren mit vorwärts gekrümmten Schaufeln (Trommelläufer)

Zur Bestimmung des Schalleistungspegels je Oktavband im Kanal müssen noch die Werte des jeweiligen in Abb. 29 dargestellten Frequenzganges (negative Werte) zu dem Wert des Gesamtschalleistungspegels addiert werden. Die Unsicherheit in der Vorausbestimmung des Gesamtschalleistungspegels kann mit ± 6 dB veranschlagt werden. Hierbei haben wir zu berücksichtigen versucht, daß unsere den Diagrammen zugrunde liegenden Untersuchungen sich auf Ventilatoren von nur zwei Herstellerfirmen erstrecken und nur auf einen Bereich des Laufraddurchmessers von 400 bis 630 mm. Fehler, die dadurch entstehen können, daß der tatsächliche Frequenzgang des Schalleistungspegels von der in Abb. 29 angenommenen Grundform abweicht, heben sich im wesentlichen auf, weil bei der Berechnung des Schalleistungspegels je Oktavband die gleiche Grundform des Frequenzganges verwendet wird. Dies ist besonders wichtig, wenn der Arbeitspunkt des Ventilators nicht in der Nähe des größten Wirkungsgrades liegt. Für diesen Fall können die möglichen Abweichungen bei der Bestimmung des Schallpegels der einzelnen Oktavbereiche gelegentlich den Wert von ± 4 dB überschreiten. Im allgemeinen ist mit geringeren Abweichungen zu rechnen.

4.3 Vorausbestimmung des Schalldruckpegels im zu belüftenden Raum

Die Schallenergie, die vom Ventilator in das Kanalsystem abgestrahlt wird, ist in der Form des Schalleistungspegels für alle Oktavbereiche gegeben. Es muß nun errechnet werden, welche Werte des Schalldruckpegels im zu belüftenden Raum, und zwar am Sitz- oder Arbeitsplatz, der einem Auslaß oder Einlaß am nächsten liegt, zu erwarten sind.

Das Kanalsystem, also die Gesamtheit der Kanäle und ihrer Verzweigungen, Erweiterungen, Verengungen und Umlenkungen, übt durch seine geometrische Form und durch Material und Aufbau seiner Wandungen einen den Schalleistungspegel senkenden oder, wie man auch sagt, dämpfenden Einfluß auf die Schallenergie aus, so daß am Kanalende ein geringerer Schalleistungspegel herrscht, als am Eingang. Bei der Abstrahlung vom Auslaß erleidet die Schallenergie eine zusätzliche Verminderung infolge der Reflexion durch die plötzliche Querschnittserweiterung. Im vorigen Abschnitt wurde schon auf diesen Umstand hingewiesen und die Größe der Auslaßdämpfung kurvenmäßig dargestellt (Abb. 24).

Die Schalldämpfung im Kanal, besonders in den die Schallfortleitung am stärksten beeinflussenden Teilen eines Kanals, wurde nicht experimentell bestimmt, da hierfür schon eigene Erfahrungen sowie Angaben aus dem Schrifttum vorliegen. Die Senkung des Schalleistungspegels an Verzweigungen und Umlenkungen sowie an Stellen, an denen sich der Querschnitt des Kanals plötzlich ändert, ist bekannt und läßt sich kurvenmäßig darstellen.

Wie in Abschnitt 2.2.1 geschildert wurde, können zu dem Geräusch, das der Ventilator in den Kanal abstrahlt, noch weitere hinzukommen, die durch Strömungsvorgänge im Kanal, an vorspringenden Kanten, an Schalldämpfereinbauten, an Luftleitblechen und besonders an den Auslaßgittern entstehen. Hier sind allgemein gültige und erprobte Regeln, die auf Meßergebnissen fußen, nicht bekannt geworden. Es hätte den Rahmen der vorliegenden Arbeit überschritten, wenn wir auch hier die erforderlichen breit anzulegenden Untersuchungen durchgeführt hätten. Zweifellos sind solche Messungen sehr erwünscht, um über die Geräuschbildung im Kanal und ihre Auswirkungen ein klareres Bild zu bekommen. Bei der Vielzahl der Möglichkeiten, die hinsichtlich Form, Abmessungen und Anordnung von geräuscherzeugenden Einbauten im Kanal bestehen, würde es schwer sein, wollte man sich auf wenige möglichst repräsentative Fälle beschränken und dennoch allgemein gültige Aussagen machen. Ein vollständiger Überblick ließe sich jedoch bei der Untersuchung von Auslaßgittern erzielen, weil hier die Formen und Größen leichter auf einige Grundtypen zurückzuführen sind. Der experimentelle Aufbau wäre weniger aufwendig und die Untersuchungen einfacher.

Zieht man die Beträge der Schalleistungspegelsenkungen von den Werten des Schalleistungspegels am Kanaleingang für jeden Oktavbereich ab, und addiert man, wenn bekannt, die Schalleistungspegel der in Kanal und Auslaß entstehenden Geräusche, so erhält man die Schalleistungspegelwerte hinter dem Auslaß, also im zu belüftenden Raum. Zur Berechnung der Schalldruckpegelwerte für die gleichen Oktavbereiche, die am nächstgelegenen Sitz- oder Arbeitsplatz herrschen, nimmt man Gl. (5) und Abb. 23 zu Hilfe. Aus den Schalldruckpegeln kann in üblicher Form die DIN-Lautstärke ausgerechnet werden, wenn dies erforderlich sein sollte. Die Differenz zwischen den vorausbestimmten und den zulässigen

Werten des Schallpegels ergibt dann die Schalldämpfung, die durch zusätzliche Maßnahmen, insbesondere durch Einbau geeigneter Schalldämpfer aufgebracht werden muß.

4.4 Festlegung von Grenzwerten für DIN-Lautstärke und Schallpegel im zu belüftenden Raum

4.4.1 Höchstwerte des Schallpegels

In DIN 1946 »Lüftungstechnische Anlagen«, Blatt 2, sind für einige Raumarten Lautstärkewerte angegeben, die am nächsten Sitz- oder Arbeitsplatz im zu belüftenden Raum nicht überschritten werden sollen (Tab. 2). Sie beziehen sich nur auf das von der Anlage verursachte Geräusch. Von anderen Schallquellen herrührende Störgeräusche sollen dadurch berücksichtigt werden, daß dann andere, in Tab. 3 der Vorschrift angegebene Höchstlautstärken gelten, die unter Anwendung des Lautstärkeadditionsgesetzes aus Anlagenlautstärke und Störlautstärke gebildet werden.

Wie schon betont, reicht die Festlegung von Höchstlautstärken nicht aus, um daraus und aus der tatsächlichen Anlagenlautstärke im Raum Schalldämpfungsmaßnahmen, die ja immer frequenzabhängig wirken müssen, abzuleiten. Die Festlegung des Frequenzganges der zusätzlich erforderlichen Schalldämpfung der Lüftungsanlage setzt voraus, daß einerseits die Schallpegel im zu belüftenden Raum bekannt und andererseits Werte eines dort zulässigen Schallpegels festgelegt sind.

Wie sind nun diese Höchstwerte zweckmäßig zu wählen? Zunächst soll eine gewisse Anlagenlautstärke nicht überschritten werden. Diese Lautstärken sind in der bisher gültigen DIN-Vorschrift angegeben. Eine weitere naheliegende Forderung ist die, daß das Geräusch der Anlage einen spektralen Verlauf hat, in dem keine besonders hervortretenden Einzelfrequenzen oder Frequenzbereiche vorhanden sind, vor allem nicht in den höheren Frequenzlagen, wo sie wegen der Frequenzabhängigkeit des menschlichen Hörvermögens eine größere Störwirkung des

Tab. 2 Höchstlautstärke des Ventilatorgeräusches in künstlich belüfteten Räumen (Nach DIN 1946, Blatt 2)

Art des Versammlungsraumes	Lautstärke (DIN-phon) Anforderungen hohe	geringe
Konzertsäle und Theater	25	
Hörsäle, Lehrräume, Sitzungszimmer, Büros Hotelzimmer, Kirchen, Lichtspieltheater	35	40
Öffentliche Versammlungsräume, Gaststätten, Schalterhallen usf.	40	50

Tab. 3 Höchstwerte des Schalldruckpegels, die den in Tab. 2 angegebenen zulässigen Höchstlautstärken entsprechen.

Mittenfrequenz des Oktavbereiches (Hz)	Zulässige Höchstlautstärke in DIN-phon 30	35	40	45	50
	zulässiger Schalldruckpegel (dB)				
63	52	58	62	66	69
125	39	46	51	56	60
250	26	34	40	46	51
500	20	22	29	36	42
1000	20	20	24	32	40
2000	20	20	23	31	39
4000	20	20	22	30	38

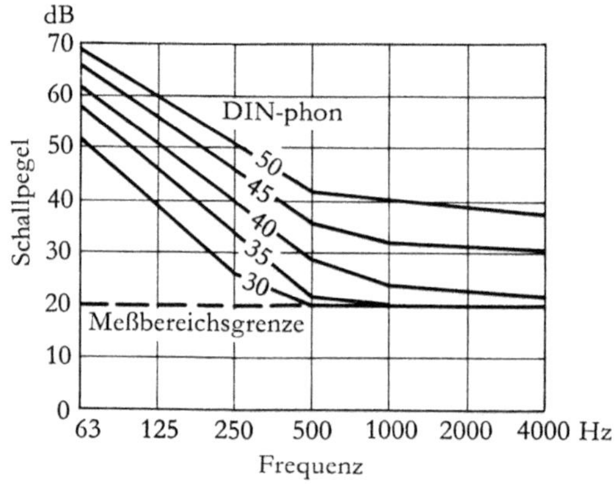

Abb. 32 Grenzpegelkurven für Ventilatorgeräusche in künstlich belüfteten Räumen. Die beigesetzten Zahlen sind die entsprechenden Höchstlautstärken in DIN-phon

Geräusches bedingen würden. Wir haben daher die Schallpegelwerte so gewählt, daß die den einzelnen Oktavbereichen zuzuordnenden Lautstärken für alle Oktaven etwa gleich groß sind. Für eine bestimmte DIN-Lautstärke als zulässigen Höchstwert wurden die Schallpegelwerte so festgelegt, daß die aus ihnen berechnete DIN-Lautstärke mit eben diesem Höchstwert übereinstimmt. Schallpegelwerte unter der Meßbereichsgrenze (20 dB) sind nicht in die festzulegenden Werte aufgenommen worden. Weiterhin wurde angestrebt, daß die Werte ganzzahlig sind und möglichst einfache Kurvenzüge ergeben. Die Tab. 3 enthält die so gewonnenen Höchstwerte für Lautstärken von 30, 35, 40, 45 und 50 DIN-phon, in Abb. 32 sind sie kurvenmäßig dargestellt. Das Ergebnis läßt sich mit den ISO-Kurven vergleichen. Abb. 33 zeigt die Kurven von *N* 15 bis *N* 45. Die jeweils zugehörige Lautstärke in DIN-phon kann überschlägig mit der um 10 höheren Ziffer angesetzt werden.

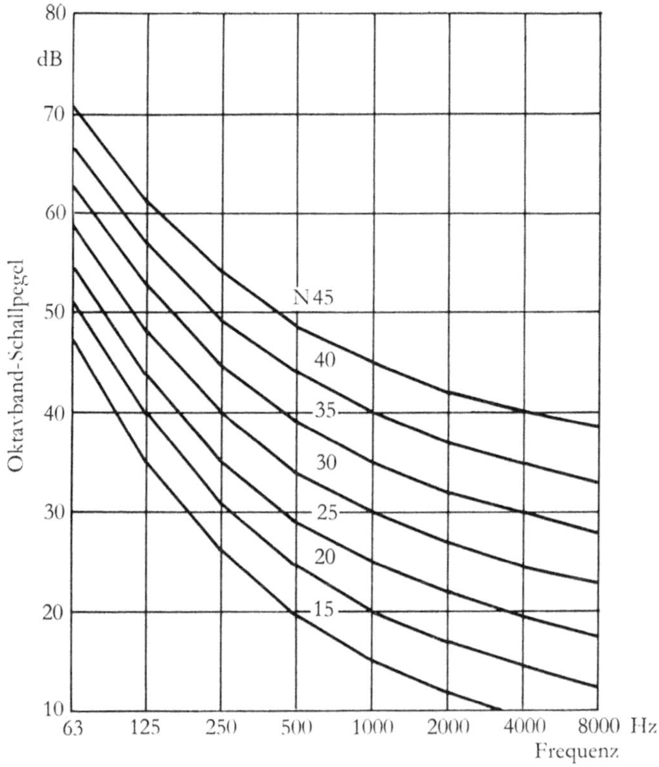

Abb. 33 ISO-Kurven zur Geräuschbewertung
Addiert man zu den Zahlen der *N*-Kurven 10 Einheiten, so ergibt sich abgerundet die jeweils zugehörige Lautstärke in DIN-phon [oder dB(A)]

4.4.2 Toleranzen

Wenn Grenzwerte festgelegt werden, sollte man auch ihre Toleranzen festlegen. Die erlaubten Abweichungen ergeben sich daraus, daß einmal die Meßgeräte mit einem gewissen Fehler behaftet sind und zum anderen Schwankungen der Intensität des Geräusches sowie kurzzeitig auftretende Störgeräusche zu Ablesefehlern führen können. Aus diesem Grunde halten wir für die Grenzlautstärken eine erlaubte Überschreitung um 2 DIN-phon, für die Grenzschallpegel eine solche um 2 dB für angemessen.

4.4.3 Störgeräusche

Länger andauernde Störgeräusche während der meßtechnischen Überprüfung des Anlagengeräusches sind zweckmäßig wieder unter Beachtung des Lautstärkeadditionsgesetzes zu eliminieren. Als Höchstlautstärke gilt dann die Summenlautstärke aus dem Störgeräusch und der zulässigen Anlagenlautstärke, zu ihrer schnellen Errechnung kann das Diagramm Abb. 34 dienen. Als Höchstschallpegel sind entsprechend die Summenpegel des in Oktavbändern analysierten Störgeräusches und der zulässigen Schallpegel zu nehmen. Es hat allerdings erst dann Sinn, auch das Störgeräusch zu analysieren, wenn ein nennenswerter Einfluß auf die Oktavanalyse des Anlagengeräusches zu erwarten ist, etwa dann, wenn die Lautstärke des Störgeräusches um weniger als 6 DIN-phon unter der des Anlagengeräusches liegt.

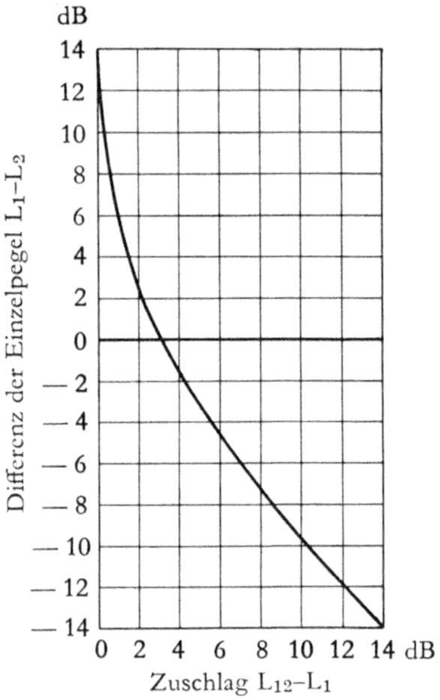

Abb. 34 Bestimmung des Summenpegels L_{12} aus zwei Einzelpegel L_1 und L_2; man bestimmt für die gegebene Differenz der Einzelpegel über die Kurve den Zuschlag, den man zum Wert des größeren Einzelpegels addiert

4.4.4 Überprüfung der Zweckmäßigkeit der bisher festgelegten Höchstlautstärken

Bei Aufstellung der Norm DIN 1946, Blatt 2, wurden die Höchstwerte festgesetzt, ohne daß zu jener Zeit nähere meßtechnische Unterlagen bestanden hätten. Es war daher notwendig, zu überprüfen, ob diese Werte den tatsächlichen Anforderungen, die hinsichtlich der Anlagenlautstärke an die einzelnen Raumarten zu stellen sind, gerecht werden.

Wir haben an mehreren Lüftungsanlagen die Lautstärke gemessen und mit der in DIN 1946 festgelegten Höchstlautstärke verglichen. Das Ergebnis des Vergleiches wurde sodann dem subjektiven Urteil von Benutzern der Räume gegenübergestellt. In Tab. 4 sind die Versuchsergebnisse, geordnet nach Raumarten, wiedergegeben. Das Ventilatorengeräusch wurde an den Sitz- oder Arbeitsplätzen gemessen, die in der Nähe der Ein- bzw. Auslässe liegen, und zwar an denjenigen, an denen das Geräusch am lautesten war. Während der Messungen, die vorwiegend in den Abendstunden durchgeführt wurden, um Einflüsse der Verkehrsgeräusche auszuschließen, waren die Räume stets unbenutzt. Es zeigte sich, daß das Anlagengeräusch keineswegs in allen Fällen, in denen seine Lautstärke den jeweils zulässigen Wert überstieg, subjektiv als störend empfunden wurde. Nur in zwei Fällen,

Tab. 4 Lautstärkemessungen in belüfteten Räumen, Meßergebnisse und subjektive Urteile

Raumart	Untersuchter Raum	Zulässige Lautstärke nach DIN 1946 in DIN-phon	Gemessene Lautstärke in DIN-phon	Abweichung in DIN-phon	Subjektives Urteil
Theater	Stadttheater Gelsenkirchen				
	Großes Haus	25	33	+ 8	gut
Hörsäle	Haus der Technik, Essen				
	Hörsaal A	35–40	28	— 7	gut
Lehrräume	Haus der Technik, Essen				
	Übungsraum 1, III. OG	35–40	48	+ 8	ungenügend
	Übungsraum 4, VI. OG	35–40	55	+ 15	sehr schlecht
Büros	Colonia Haus, Koblenz				
	Kartei	35–40	29	— 6	gut
	Registratur	35–40	44,5	+ 4,5	ausreichend
Kirchen	Stadtkirche Lengerich				
	Kirchenschiff	35–40	44,5	+ 4,5	ungenügend
Lichtspieltheater	Filmpalette, Essen	35–40	32	— 3	gut
	Astra-Filmtheater, Essen	35–40	38	+ 3	gut
Schalterhallen	Deutsche Bank Essen				
	Schalterhalle	40–50	39	— 1	gut

wo die Höchstlautstärke um 8 bzw. 15 DIN-phon überschritten wurde, fiel auch die subjektive Beurteilung negativ aus. Im Rahmen der von uns bisher gesammelten Erfahrungen wirken Anlagengeräusche, die bis zu 5 DIN-phon über dem bis heute als zulässig angenommenen Wert liegen, bei den meisten Raumarten noch nicht störend.

Auf Grund dieser Ergebnisse scheint es zweckmäßig, statt der Höchstlautstärken Grenzpegelkurven nach Tab. 3 und Abb. 32 oder wegen der weiteren Allgemeingültigkeit Abb. 33 vorzuschreiben, die teilweise höheren DIN-Lautstärken entsprechen als in Tab. 2 angegeben. Raumarten und Grenzpegelkurven sind in Tab. 5 zusammengestellt. Eine solche Festlegung würde gegenüber der bisherigen Regelung bedeuten, daß die schallschutztechnischen Anforderungen in einigen Fällen vermindert, in anderen Fällen aber erhöht sind, nämlich dann, wenn der Schallpegelverlauf des Anlagengeräusches die Grenzpegelkurve überschreitet, ohne daß die Höchstlautstärke gemäß Tab. 2 überschritten wird. Da es nur selten vorkommen wird, daß sich die gemessenen Schallpegel mit der Grenzpegelkurve decken, wird die DIN-Lautstärke des Geräusches im allgemeinen unter dem Zahlenwert der betreffenden Grenzpegelkurvenbezeichnung liegen.

Tab. 5 Grenzpegel des Ventilatorgeräusches für verschiedene Arten künstlich belüfteter Räume

Raumart	Grenzpegelkurve nach Abb. 32	ISO-Bewertungskurve nach Abb. 33	Grenzpegel DIN-phon oder dB(A)
Konzertsäle, Opernhäuser, Sprechtheater	30	15–20	20–25
Kirchen	35–40	25	30
Krankenräume, Hotelzimmer			
nachts		20	25
tags	30–40	30	35
Untersuchungsräume, Sitzungs- und Leseräume, Lichtspieltheater, Hörsäle	35–40	30	35
Büroräume, Gaststätten	40–50	30–40	35–45
Schalterhallen	45	35	40

Ein Geräusch, das, in Oktavbändern gemessen, der ISO-Bewertungskurve folgt, weist eine Lautstärke auf, die um etwa 10 Einheiten über der die Kurve kennzeichnenden Ziffer liegt. Will man sich auf eine Einzahlangabe beschränken, darf der Grenzpegel [z. B. in dB(A)] die um 5 Einheiten erhöhten Ziffern nicht überschreiten.

5. Schalldämpfer

Wichtigstes Hilfsmittel für die Senkung des Schalleistungspegels im Kanal ist der Schalldämpfer. Je nach Zweck und Größe der angestrebten Dämpfung sind verschiedene Konstruktionen, auf verschiedenen Prinzipien beruhend, anwendbar. Für Komfortbelüftungsanlagen, wo der Frequenzgang der zu fordernden Pegelsenkung keine herausragenden Einzelfrequenzen enthält, sind breitbandig wirkende Absorptionsdämpfer zweckmäßig. Zur Gruppe der Absorptionsschalldämpfer gehören

1. die nicht abgestimmten Absorptionsdämpfer,
2. die Resonanzabsorptionsdämpfer mit Abzweigresonatoren,
3. die Resonanzabsorptionsdämpfer mit Kammern optimalen Eingangswiderstandes und
4. die Relaxationsdämpfer [18].

Eine schematische Übersicht über diese Dämpfer, deren Aufbau in Abb. 35 skizziert ist, gibt Tab. 6. Außer der Wirkungsweise und den üblichen Bauformen wurde der Frequenzgang der Schalldämpfung charakterisiert. Die angegebenen Vorteile sind in der Praxis in der Regel durch wirtschaftliche Gesichtspunkte zu ergänzen. Eine Übersicht über die Dämpfungsprinzipien und die Bemessung der Dämpfer haben wir vor kurzem zusammengestellt [15].

Die stärkste Verbreitung hat bisher der nicht abgestimmte Absorptionsdämpfer gefunden, der in seiner Berechnung und Herstellung sehr einfach ist. Er besteht im wesentlichen aus einem Kanalstück, dessen Wandungen mit schallabsorbierendem Material bestimmter Dicke ausgekleidet sind. Seine Schalldämpfung in den tiefsten Oktavbereichen ist gering, verglichen mit der in höheren Bereichen.

Da, wo die Dämpfung tiefer Frequenzbereiche verhältnismäßig groß sein muß, z. B. bei Radialventilatoren mit vorwärts gekrümmten Schaufeln, sind reine, nicht abgestimmte Absorptionsdämpfer wegen der dann erforderlichen großen Baulänge nicht so zweckmäßig wie Kombinationen mit Resonanzabsorptionsdämpfern, deren einzelne Resonatoren auf die betreffenden Frequenzbereiche, in denen die Dämpfung angehoben sein soll, abgestimmt werden. Für die nicht abgestimmten Dämpfer und die Resonanzabsorber mit Abzweigresonatoren sind Bemessungsregeln bekannt [15]. Dies ist jedoch nicht der Fall bei den Dämpfern mit Kammern optimalen Eingangswiderstandes, die theoretisch von Cremer [16] entwickelt und von Gerber [17] experimentell untersucht wurden. Wir haben daher nach eigenen Berechnungen, ausgehend von dem von Cremer gefundenen Optimalwert des Wandwiderstandes, ein Diagramm zur Bemessung der Kammern

Tab. 6 Absorptionsschalldämpfer

Bezeichnung	Nicht abgestimmte Absorptionsdämpfer		Resonanzabsorptionsdämpfer mit Abzweigresonatoren	Resonanzabsorptionsdämpfer mit Kammern optimalen Eingangswiderstandes	Relaxationsdämpfer
Schema	Bild 34a		Bild 34b	Bild 34c	Bild 34d
Wirkungsweise	Schallabsorption durch poröse Stoffe, mit denen Kanalwände ausgekleidet sind		Schallabsorption durch in die Kanäle eingebaute Abzweigresonatoren (HELMHOLTZresonatoren)	Schallabsorption durch Kanalauskleidung aus $\lambda/4$-Resonatoren, deren Eingangswiderstand dem optimalen Wandwiderstand (CREMER) angenähert ist.	Schallabsorption durch Kanalauskleidung, die aus Kammern mit verschieden abgestimmten akustischen RC-Gliedern besteht (KURTZE)
Bauform	Mit und ohne Unterteilung des Kanalvolumens in Teilkanäle mit absorbierenden Trennwänden (Platten- und Zellenschalldämpfer)	Bausteinartig zusammenstellbare schallgedämpfte Kanalstücke (Baueinheiten)	Für den speziellen Zweck gestaltete Dämpfer mit Resonatoren gleicher oder verschiedener Eigenfrequenz, auch in Verbindung mit nicht abgestimmten Absorptionsdämpferstrecken	Für den speziellen Zweck gestaltete Dämpfer mit Kammern verschiedener Anordnung und Tiefe	Mit und ohne Unterteilung des Kanalvolumens in Teilkanäle; Kammern zu Platten vereinigt, die als Seiten- oder Mittelwände dienen (Plattenschalldämpfer)
Frequenzgang der Dämpfung	Tiefpaß mit breitbandiger Dämpfung (Dämpfungsabfall für $f > c/b$)		Dämpfungsmaxima bei den Eigenfrequenzen der Resonatoren, Dämpfungsabfall für $f > c/b$	Tiefpaß mit breitbandiger Dämpfung und scharfen Dämpfungsmaximis (Dämpfungsabfall für $f > c/b$)	Tiefpaß mit breitbandiger Dämpfung (Dämpfungsabfall für $f > c/b$)
Vorteile	Sehr einfache Herstellung	Rationelle Fertigung, einfache Montage	Abstimmbare Dämpfungsmaxima	Abstimmbare Dämpfungsmaxima	Geringe Auskleidungstiefe auch bei niedriger unterer Grenzfrequenz

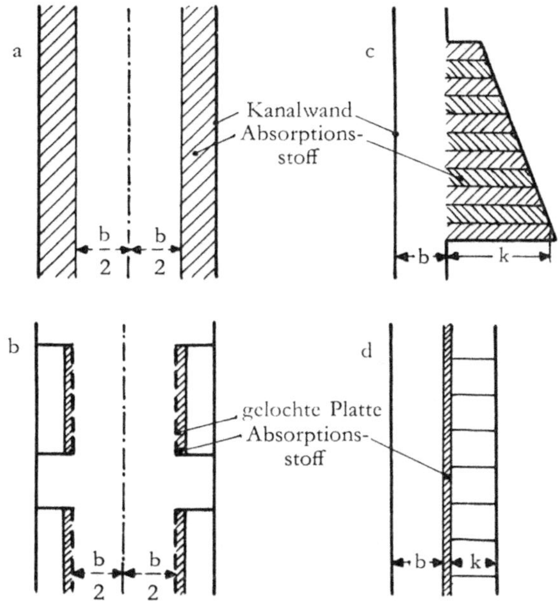

Abb. 35 Schematische Darstellung von Absorptionsschalldämpfern
a) nicht abgestimmter Absorptionsdämpfer
b) Resonanzabsorptionsdämpfer mit Abzweigresonatoren
c) Resonanzabsorptionsdämpfer mit Kammern optimalen Eingangswiderstandes
d) Relaxationsschalldämpfer

des Dämpfers und zur Bestimmung des günstigsten Strömungswiderstandes entwickelt, den das poröse Material in den Kammern haben soll.

Zur Erläuterung des Aufbaues des Dämpfers diene Abb. 35c. Der Auskleidungsraum an der Kanalwand ist durch starre Trennwände senkrecht zur Kanalachse in schmale Kammern unterteilt, deren Tiefe etwas weniger als eine Viertelwellenlänge beträgt, bezogen auf die Frequenz f, bei der die größte Dämpfung erreicht werden soll. Die Kanalbreite b ist bei einseitig ausgekleidetem Dämpfer die Breite des freibleibenden Kanalquerschnittes, bei Auskleidung zweier gegenüberliegender Wände die halbe Breite des freibleibenden Querschnittes. Die Kanalbreite soll bei vorgegebener Wellenlänge $\lambda = c/f$ (c = Schallgeschwindigkeit für Luft in m/s, wenn λ in m und f in Hz gemessen werden) nicht größer als 0,15 λ sein. Der poröse Schallabsorptionsstoff braucht den Kammergrund nicht auszufüllen, soll aber bis zur Kammermündung reichen und keine geringere Schichtdicke als 0,1 λ haben. Der Zusammenhang zwischen Wellenlänge, Kanalbreite b, Kammertiefe k, alle gemessen in m, und dem Strömungswiderstand R, gemessen in Rayl, wird durch das Diagramm Abb. 36 dargestellt. Man sucht, wenn b und λ gegeben sind, den Wert b/λ auf, liest über die Kurve 1 den Strömungswiderstand und über die Kurven 1 und 2 den Wert k/λ ab, woraus k errechnet wird.

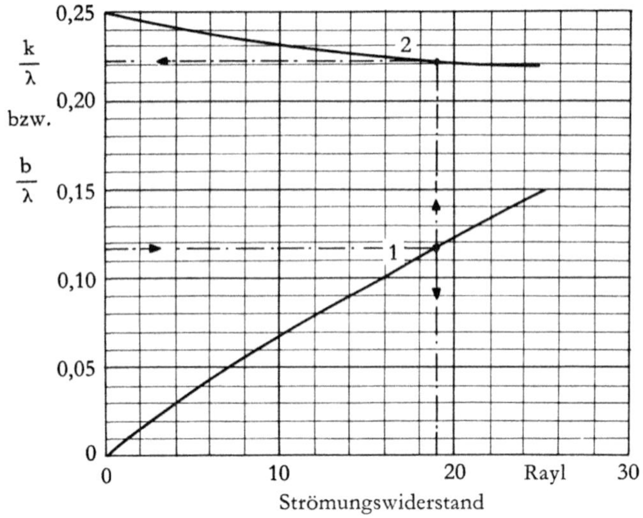

Abb. 36 Zur Bemessung von Resonanzabsorptionsdämpfern optimalen Eingangswiderstandes; Erklärung im Text

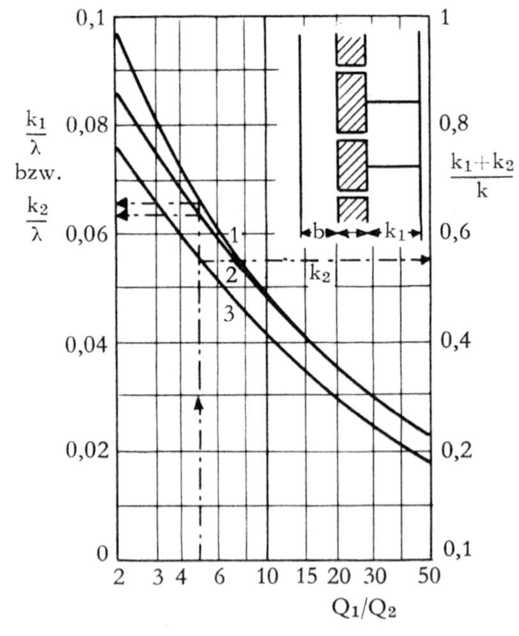

Abb. 37 Zur Bemessung von Resonanzabsorptionsdämpfern mit verkürzten Kammern optimalen Eingangswiderstandes; Erklärung im Text

Wenn die Frequenzen, bei denen eine hohe Dämpfung erreicht werden soll, sehr kleine Werte haben, sind große Kammertiefen und daher unerwünscht große Dämpferabmessungen notwendig. Wir haben versucht, durch eine Weiterführung der Theorie Anordnungen zu finden, bei denen trotz geringerer Kammertiefe der Optimalwert des Eingangswiderstandes erreicht wird. Die in Abb. 37 eingezeichnete Anordnung erfüllt diese Forderung: Kammer und Kanal grenzen nicht direkt aneinander, sondern werden über einen Hals mit der Länge k_2 und dem Querschnitt Q_2 miteinander verbunden. Der Hals wird, zumindest an seiner Mündung in den Kanal, mit einem porösen Schallabsorptionsstoff ausgefüllt. Die Kammer, deren Tiefe k_1 und deren Querschnitt Q_1 sei, bleibt leer. k_1 und k_2 hängen vom Querschnittsverhältnis Q_1/Q_2 ab. Aus dem Diagramm können für ein beliebiges Querschnittsverhältnis über die Kurve 1 die Werte für k_1/λ, über die Kurve 2 die Werte für k_2/λ abgelesen werden. Gleichzeitig ist das Verkürzungsmaß $(k_1 + k_2)/k$, das ist das Verhältnis der Gesamtlänge von Kammer und Hals zur Kammertiefe k des nach Abb. 35c gestalteten Resonanzabsorbers, zu entnehmen, indem man von dem betreffenden Q_1/Q_2-Wert über die Kurve 3 auf die rechts angeschriebene senkrechte Skala geht und das Verkürzungsmaß abliest. Der Strömungswiderstand des Absorptionsstoffes ist aus Abb. 36 zu entnehmen; dabei wird als Kanalbreite der Wert $b \cdot (Q_2/Q_1)$ eingesetzt, also vom Wert $b/\lambda \cdot (Q_2/Q_1)$ ausgegangen. Der Zwischenraum zwischen den Hälsen kann mit einem Schallabsorptionsstoff, der ohne Trennwand an den Kanal grenzt, ausgefüllt werden. Diese Auskleidung wirkt dann im Sinne eines nicht abgestimmten Absorptionsschalldämpfers und bewirkt eine Anhebung der Dämpfung, besonders in den höheren Frequenzbereichen.

6. Zusammenfassung

Nach Schilderung der Problemstellung und der grundsätzlichen Geräuschsituation einer Lüftungsanlage wird über Lautstärke- und Schallpegelmessungen an Ventilatoren berichtet. Die Meßmethode und die gewonnenen Ergebnisse werden diskutiert. Sie zeigen, daß ein formelmäßig darstellbarer Zusammenhang zwischen der DIN-Lautstärke, gemessen in 1 m Abstand vom Einlaß in axialer Richtung, und den jeweiligen Betriebsdaten des Ventilators (Umfangsgeschwindigkeit, Druckzahl und Volumzahl) besteht. Die Beziehungen werden für Axialventilatoren, Radialventilatoren mit vorwärts gekrümmten und Radialventilatoren mit rückwärts gekrümmten Schaufeln im Bereich der Laufraddurchmesser von 400 bis 630 mm aufgestellt. Durch Untersuchungen an mehreren Exemplaren des jeweils gleichen Typs können die Abweichungen zwischen gemessenen und berechneten Lautstärkewerten für die drei Ventilatorarten bestimmt und daraus die Genauigkeit der rechnerischen Vorausbestimmung abgeschätzt werden. Diese beträgt etwa $\pm$ 3 DIN-phon für Axialventilatoren und Radialventilatoren mit vorwärts gekrümmten Schaufeln und $\pm$ 4 DIN-phon für Radialventilatoren mit rückwärts gekrümmten Schaufeln.
Zur richtigen Bemessung der schalldämpfenden Einrichtungen ist die Kenntnis des Schalleistungspegels im Kanal und seiner Frequenzabhängigkeit erforderlich. Durch Berücksichtigung der Richtwirkung und der Reflexion beim Austritt des Schalles aus dem Einlaßstutzen des Ventilators sowie der Frequenzabhängigkeit des Schalldruckpegels kann aus der gemessenen oder berechneten Lautstärke vor dem Ventilatoreinlaß der Schalleistungspegel im Kanal für jeden Frequenzbereich bestimmt werden. Es werden Formeln und Diagramme vorgelegt, mit deren Hilfe der Schalleistungspegel für die drei Ventilatoren im Bereich der Laufraddurchmesser von 200 bis 1000 mm aus den vorzugebenden Betriebsdaten ermittelt werden kann. Die Berücksichtigung der durch Form und Material der Kanäle bedingten frequenzabhängigen Dämpfung ergibt den Schalleistungspegel hinter dem Kanalende im zu belüftenden Raum, aus dem auf die Schalldruckpegel am nächstgelegenen Sitz- oder Arbeitsplatz geschlossen werden kann. Über die Umlenkungsdämpfung, die Längsdämpfung in nicht schallabsorbierend ausgekleideten Kanälen sowie über die Geräuschbildung an Teilen des Kanalsystems, besonders an Auslaßgittern, liegen bisher nur wenige und unvollständige Angaben in der Literatur vor, so daß hier noch weitere Untersuchungen zu wünschen sind.
In DIN 1946, Blatt 2, sind vorläufig nur Höchstlautstärken festgelegt. Die Berechnung der Schalldämpfer verlangt jedoch die Kenntnis des Schallpegels je Frequenzintervall (z. B. Oktave). Wir haben daher Frequenzgänge des Schallpegels (Grenzpegelkurven) abgeleitet, die den Höchstlautstärken entsprechen.

Auf Grund von Lautstärke- und Schallpegelmessungen an bestehenden Lüftungsanlagen sind wir zu dem Schluß gekommen, daß die in DIN 1946 angegebenen Höchstlautstärken in den meisten Fällen um etwa 5 DIN-phon erhöht werden können, wenn die entsprechende Grenzpegelkurve nicht überschritten wird. Es wird angegeben, welche Grenzpegelkurven für die einzelnen Raumarten geeignet erscheinen.
Die zur Senkung des Schalleistungspegels im Kanal und damit auch des Anlagengeräusches im zu belüftenden Raum wichtigsten Einrichtungen sind die Schalldämpfer. Es wird eine schematische Übersicht über die in Frage kommenden Arten von Absorptionsschalldämpfern gegeben. Für die Resonanzabsorptionsdämpfer mit Kammern optimalen Eingangswiderstandes, für die im Gegensatz zu den anderen Dämpfern bisher keine Bemessungsregeln bekannt wurden, werden solche in Diagrammform abgeleitet. Eine Variante dieser Dämpferart mit wesentlich verkürzten Kammern und daher günstigeren Einbaumaßen wird vorgeschlagen und ihre rechnerische Bemessung mitgeteilt.

Literaturverzeichnis

[1] DIN 1946: Lüftungstechnische Anlagen (VDI-Lüftungsregeln), Beuth-Vertrieb G.m.b.H., Berlin-Köln (1960).

[2] Richtlinien für die Lärmabwehr in der Lüftungstechnik, VDI-Verlag G.m.b.H., Berlin (1938).

[3] Holle, W., und E. Lübcke, Luftfahrtforschung 7 (1939), S. 56–58.

[4] Sound Measurement Text Code for Centrifugal and Axial Fans, 1. Edit. (1942), in: Standards, Definitions etc., Bulletin No. 110; 2. Edit., National Association of fan Manufacturers Inc. Detroit/Mich. (1952).

[5] Beranek, L. L., J. L. Reynolds und K. E. Wilson, Journ. Acoust. Soc. Am. 25 (1953), S. 313–321.

[6] Beranek, L. L., G. W. Kampermann und C. H. Allen, Journ. Acoust. Soc. Am. 27 (1955), S. 217–219

[7] Ausführlich in: Madison, R. D., und J. P. Graham, Heat. Pip. Air Condit. 30 (1958), S. 207–214.

[8] Allen, C. H., Noise Control 3 (1957), S. 28–34.

[9] Zeller, W., und H. Stange, Heiz. Lüft. Haustechn. 8 (1957), S. 322–324.

[10] Zeller, W., VDI-Berichte 38 (1959), S. 67–74.

[11] Beranek, L. L., Acoustics, Chapt. 10, McGraw-Hill Book Co., New York–Toronto–London (1954).

[12] Allen, C. H., Noise Reduction, edit. by L. L. Beranek, Chapt. 21, McGraw-Hill Book Co., New York–Toronto–London (1960).

[13] Spengler, G., Lärmbekämpfung 5 (1961), S. 1–6.

[14] Zeller, W., Technische Lärmabwehr, Alfred Kröner Verlag, Stuttgart (1950).

[15] Schalldämpfung für Lüftungskanäle, Lärmbekämpfung 5 (1961), S. 37–42.

[16] Cremer, L., Acustica 3 (1953), AB S. 249–263.

[17] Gerber, O., Acustica 3 (1953), AB S. 264–270.

[18] Kurtze, G., Wärme-Kälte-Schall 6 (1961), S. 15–20.

[19] VDI-Richtlinie 2081 – Lärmabwehr bei Lüftungsanlagen, Entwurf 1966.

FORSCHUNGSBERICHTE DES LANDES NORDRHEIN-WESTFALEN

Herausgegeben im Auftrage des Ministerpräsidenten Heinz Kühn

von Staatssekretär Professor Dr. h. c. Dr. E. h. Leo Brandt

SCHALL · ULTRASCHALL

HEFT 213
Dipl.-Ing. K. F. Rittinghaus, Institut für elektrische Nachrichtentechnik der Rhein.-Westf. Technischen Hochschule Aachen
Zusammenstellung eines Meßwagens für Bau- und Raumakustik
1957. 87 Seiten, 15 Abb., 7 Tabellen. DM 19,80

HEFT 216
Dr. phil. Erwin Kloth, Köln
Untersuchungen über die Ausbreitung kurzer Schallimpulse bei der Materialprüfung mit Ultraschall
1956. 79 Seiten, 60 Abb., 4 Tabellen. DM 19,40

HEFT 278
Dipl.-Ing. Jürgen Stelter und Dipl.-Ing. H. Kickert, Laboratorium für Ultrakurzwellentechnik und Ultraschall an der Rhein.-Westf. Technischen Hochschule Aachen
Leiter: Prof. Dr. phil. Dr. med. h. c. A. Esau †
I. Sichtbarmachung von Ultraschallfeldern unter Verwendung photographischer Emulsionsschichten
II. Methode zur Bestimmung der wirklichen Temperaturverhältnisse in Flüssigkeiten während der Beschallung (Nach einer Diplom-Arbeit von H. Schnitzler)
1956. 41 Seiten, 24 Abb. DM 12,75

HEFT 280
Dipl.-Ing. Jürgen Stelter und Dipl.-Ing. E. Pfende, Laboratorium für Ultrakurzwellentechnik und Ultraschall an der Rhein.-Westf. Technischen Hochschule Aachen
Leiter: Prof. Dr. phil. Dr. med. h. c. A. Esau †
Über Störerscheinungen bei Schallgeschwindigkeitsmessungen mittels der Interferometermethode
1956. 29 Seiten, 13 Abb. DM 9,60

HEFT 316
Dr. rer. nat. Friedrich Keune, Aachen
Zusammenfassende Darstellung und Erweiterung des Äquivalenzsatzes für schallnahe Strömung
1956. 74 Seiten, 22 Abb. DM 17,90

HEFT 317
Dr.-Ing. Jürgen Stelter, Laboratorium für Ultrakurzwellentechnik und Ultraschall an der Rhein.-Westf. Technischen Hochschule Aachen
Mikrobiologische Ultraschallwirkungen
1956. 97 Seiten, 41 Abb., 12 Tabellen. DM 23,90

HEFT 318
Dipl.-Ing. Harald Kickert, Laboratorium für Ultrakurzwellentechnik und Ultraschall an der Rhein.-Westf. Technischen Hochschule Aachen
Über die Ausbreitung von Ultraschall in Luft
1957. 65 Seiten, 51 Abb., 7 Tabellen. DM 19,20

HEFT 629
Dipl.-Ing. Karl Wolters, Laboratorium für Ultrakurzwellentechnik und Ultraschall an der Rhein.-Westf. Technischen Hochschule Aachen
Zur Wirkung von Ultraschall auf die Keimung und Entwicklung von Pflanzen und auf den Verlauf von Pflanzenkrankheiten
1958. 34 Seiten, 13 Abb. DM 10,—

HEFT 651
Dr.-Ing. A. Eisenberg, Dortmund
Versuche von Körperschalldämpfung in Gebäuden
1958. 26 Seiten, 20 Abb. DM 8,10

HEFT 726
Dipl.-Ing. W. Faust und Dr. H. Gabler, Hamburg
Ausbreitung und Registrierung ultrasonorer Schallwellen in ozeanischen Seeräumen
1959. 44 Seiten, 27 Abb., 2 Tabellen. DM 14,50

HEFT 933
Dipl.-Ing. Klaus Stamm, Laboratorium für Ultraschall an der Rhein.-Westf. Technischen Hochschule Aachen
Die Vernebelung schmelzbarer Festkörper mit Ultraschall
1960. 24 Seiten, 21 Abb. DM 9,20

HEFT 972
Dipl.-Ing. Günter Radig, Laboratorium für Ultraschall an der Rhein.-Westf. Technischen Hochschule Aachen
Leiter: Dr. Reimar Pohlman
Über den Einfluß des Interferenzfeldes auf die Schallabbildung in Festkörpern
1961. 29 Seiten, 22 Abb., 2 Tabellen. DM 11,70

HEFT 1101
Dr.-Ing. Karl Wolters, Laboratorium für Ultraschall an der Rhein.-Westf. Technischen Hochschule Aachen
Leiter: Dr. Reimar Pohlman
Über die Ultraschall-Extinktion in Suspensionen und ihre Anwendung zur Messung geringer Konzentrationen
1963. 76 Seiten, 30 Abb., 6 Tabellen. DM 37,80

HEFT 1117
Dr.-Ing. habil Dr. W. Zeller, Institut für Schall- und Wärmeschutz, Essen-Steele
Lärmabwehr in Lüftungsanlagen

HEFT 1289
Privatdozent Dr.-Ing. Franz-Josef Meister, Dipl.-Ing. Walter Ruhrberg und Dipl.-Ing. Edmund Buchta, Forschungslaboratorium für Medizinische Akustik der Hals-, Nasen- und Ohrenklinik der Medizinischen Akademie Düsseldorf
Untersuchung der Überfluggeräuschspektren häufig eingesetzter Verkehrsflugzeuge an Standardmeßpunkten
1964. 63 Seiten, 41 Abb., 4 Tabellen. DM 34,80

HEFT 1364
Prof. Dr. phil. Ernst Lübcke und Hans-J. Gober, Berlin-Charlottenburg
Im Auftrage des Vereins Deutscher Ingenieure e.V., Fachausschuß Schwingungstechnik, Düsseldorf
Schallausbreitung in Fabrikhallen
(hauptsächlich in Flachräumen)
1964. 79 Seiten, 34 Abb., 2 Tabellen. DM 39,—

HEFT 1375
Prof. Dr. phil. Reimar Pohlman, Dipl.-Ing. Harald Kickert und Dipl.-Phys. Wolfgang Böttcher, Laboratorium für Ultraschall an der Rhein.-Westf. Technischen Hochschule Aachen
Über Beeinflussung und Bearbeitung metallischer Oberflächen in ultraschall-erregten Bädern
1964. 50 Seiten, 39 Abb. DM 27,—

HEFT 1444
Prof. Dr. Reimar Pohlman, Dipl.-Phys. Ernst-Günter Lierke und Dipl.-Phys. Manfred Gregor, Laboratorium für Ultraschall an der Rhein.-Westf. Technischen Hochschule Aachen
Über Ultraschall-Kavitationsvorgänge an Festkörperoberflächen
1965. 38 Seiten, 27 Abb. DM 18,80

HEFT 1480
Prof. Dr. Reimar Pohlman und Dr.-Ing. Klaus Stamm, Laboratorium für Ultraschall an der Rhein.-Westf. Technischen Hochschule Aachen
Untersuchung zum Mechanismus der Ultraschallvernebelung an Flüssigkeitsoberflächen im Hinblick auf technische Anwendungen
1965. 94 Seiten, 65 Abb., 3 Tabellen. DM 49,—

HEFT 1481
Prof. Dr. Reimar Pohlman, Dipl.-Ing. Hans-Dieter Bohnen, Dipl.-Ing. Rolf Brinkmann und Dipl.-Ing. Dieter Davidts, Laboratorium für Ultraschall an der Rhein.-Westf. Technischen Hochschule Aachen
Leiter: Prof. Dr. Reimar Pohlman
Grundlegende Untersuchungen über die Möglichkeiten der quantitativen Ausmessung von Schallfeldern im Hinblick auf einen schalloptischen Analogrechner
1965. 55 Seiten, 27 Abb. DM 33,50

HEFT 1512
Prof. Dr. Reimar Pohlman, Dipl.-Ing. Hans-Dieter Bohnen und Dipl.-Ing. Rolf Brinkmann, Laboratorium für Ultraschall an der Rhein.-Westf. Technischen Hochschule Aachen
Theoretische Grundlagen der Äquidensitometrie im Hinblick auf die quantitative Auswertung schalloptischer Abbildungen
1965. 79 Seiten, 29 Abb. DM 42,50

HEFT 1519
Prof. Dr.-Ing. Wilhelm Fucks und Josef Lauter, Erstes Physikalisches Institut der Rhein.-Westf. Technischen Hochschule Aachen
Exaktwissenschaftliche Musikanalyse
1965. 59 Seiten, 42 Abb. DM 29,80

HEFT 1652
Dr. med. et phil. Gerd Jansen, Max-Planck-Institut für Arbeitsphysiologie, Dortmund
Versuch einer Klassifizierung von Industriegeräuschen
Dr. med. et phil. Gerd Jansen und Dr. phil. H.C. Micko, Max-Planck-Institut für Arbeitsphysiologie, Dortmund
Untersuchungen über die Störwirkungen von Geräuschen bei unterschiedlich schwierigen intellektuellen Tätigkeiten
1966. 57 Seiten, 8 Abb., 11 Tabellen. DM 33,60

HEFT 1709
Prof. Dr. Reimar Pohlman und Dipl.-Ing. Dieter Davidts und Dipl.-Ing. Rolf Brinkmann, Laboratorium für Ultraschall der Rhein.-Westf. Technischen Hochschule Aachen
Verfahren der Äquidensitometrie im Hinblick auf die quantitative Auswertung schalloptischer Abbildungen
1966. 64 Seiten, 35 Abb., 12 Tabellen. DM 39,20

HEFT 1715
Wiss.-Rat Prof. Dr-Ing. Franz Josef Meister, Dipl.-Ing. Edmund Buchta und Dipl.-Ing. Walter Ruhrberg, Forschungslaboratorium für Medizinische Akustik der Universität Düsseldorf
Die Schallbelastung durch Straßenverkehr in den heutigen Stadtschulen
1966. 88 Seiten, 59 Abb., 8 Tabellen. DM 63,80

HEFT 1791
Dr.-Ing. Gisbert Bobbert, Dr.-Ing. Dieter Dieckmann, Prof. Dr.-Ing. Klaus Federn und Prof. Dr. phil. Ernst Lücke, im Auftrage des Vereins Deutscher Ingenieure – VDI – Fachgruppe Schwingungstechnik, Düsseldorf
Beurteilungsmaßstäbe für mechanische Schwingungen
In Vorbereitung

WESTDEUTSCHER VERLAG · KÖLN UND OPLADEN
567 Opladen/Rhld., Ophovener Straße 1–3

GPSR Compliance

The European Union's (EU) General Product Safety Regulation (GPSR) is a set of rules that requires consumer products to be safe and our obligations to ensure this.

If you have any concerns about our products, you can contact us on ProductSafety@springernature.com

In case Publisher is established outside the EU, the EU authorized representative is:

Springer Nature Customer Service Center GmbH
Europaplatz 3
69115 Heidelberg, Germany

Batch number: 10584556

Printed by Printforce, the Netherlands